建筑工程细部节点做法与施工工艺图解丛书

地基基础工程细部节点做法与施工工艺图解

（第二版）

丛书主编：毛志兵

本书主编：黄克起

组织编写：中国土木工程学会总工程师工作委员会

U0196063

中国建筑工业出版社

图书在版编目（CIP）数据

地基基础工程细部节点做法与施工工艺图解 / 黄克起主编；中国土木工程学会总工程师工作委员会组织编写. -- 2 版. -- 北京：中国建筑工业出版社，2024. 8. --（建筑工程细部节点做法与施工工艺图解丛书 / 毛志兵主编）. -- ISBN 978-7-112-30259-8

Ⅰ. TU47-64

中国国家版本馆 CIP 数据核字第 2024E0N561 号

责任编辑：曹丹丹　张　磊
责任校对：李美娜

建筑工程细部节点做法与施工工艺图解丛书
地基基础工程细部节点做法与
施工工艺图解
（第二版）
丛书主编：毛志兵
本书主编：黄克起
组织编写：中国土木工程学会总工程师工作委员会
*
中国建筑工业出版社出版、发行（北京海淀三里河路 9 号）
各地新华书店、建筑书店经销
北京鸿文瀚海文化传媒有限公司制版
河北京平诚乾印刷有限公司印刷
*
开本：850 毫米×1168 毫米　1/32　印张：13⅞　字数：370 千字
2025 年 2 月第二版　　2025 年 2 月第一次印刷
定价：**49.00** 元
ISBN 978-7-112-30259-8
（43653）

丛书编委会

主　编：毛志兵

副主编：朱晓伟　　刘　杨　　刘明生　　刘福建　　李景芳

　　　　杨健康　　吴克辛　　张太清　　张可文　　陈振明

　　　　陈硕晖　　欧亚明　　金　睿　　赵秋萍　　赵福明

　　　　黄克起　　颜钢文

本书编委会

主编单位：中国建筑第六工程局有限公司

参编单位：中建桥梁有限公司

　　　　　中建城市建设发展有限公司

　　　　　中建六局建设发展有限公司

　　　　　中建六局土木工程有限公司

　　　　　中建六局第一建设有限公司

　　　　　中建六局第四建设有限公司

　　　　　中建六局第六建设有限公司

　　　　　中建六局总承包建设有限公司

　　　　　中建六局交通建设有限公司

主　　编：黄克起

副 主 编：余　流　刘晓敏

编写人员：蔡昭辉　张振禹　宣世艳　王岁军　王强勋

　　　　　王天龙　卢　斌　耿冬青　史建锋　郑　恒

　　　　　郑美玲　冯建胜　代跃强　张海庭　王丽梅

　　　　　张华勇　邱晓春　王冬冬　洪　辉　窦　卫

　　　　　刘　倩　王会刚　车向男　李增山　许西浩

丛书前言

"建筑工程细部节点做法与施工工艺图解丛书"自 2018 年出版发行后,受到了业内工程施工一线技术人员的欢迎,截至 2023 年底,累计销售已近 20 万册。本丛书对建筑工程高质量发展起到了重要作用。近年来,随着建筑工程新结构、新材料、新工艺、新技术不断涌现以及工业化建造、智能化建造和绿色化建造等理念的传播,施工技术得到了跨越式的发展,新的节点形式和做法进一步提高了工程施工质量和效率。特别是 2021 年以来,住房和城乡建设部陆续发布并实施了一批有关工程施工的国家标准和政策法规,显示了对工程质量问题的高度重视。

为了促进全行业施工技术的发展及施工操作水平的整体提升,紧随新的技术潮流,中国土木工程学会总工程师工作委员会组织了第一版丛书的主要编写单位以及业界有代表性的相关专家学者,在第一版丛书的基础上编写了"建筑工程细部节点做法与施工工艺图解丛书(第二版)"(简称新版丛书)。新版丛书沿用了第一版丛书的组织形式,每册独立组成编委会,在丛书编委会的统一指导下,根据不同专业分别编写,共 11 分册。新版丛书结合国家现行标准的修订情况和施工技术的发展,进一步完善第一版丛书细部节点的相关做法。在形式上,结合第一版丛书通俗易懂、经济实用的特点,从节点构造、实体照片、工艺要点等几个方面,解读工程节点做法与施工工艺;在内容上,随着绿色建筑、智能建筑的发展,新标准的出台和修订,部分节点的做法有一定的精进,新版丛书根据新标准的要求和工艺的进步,进一步完善节点的做法,同时补充新节点的施工工艺;在行文结构中,进一步沿用第一版丛书的编写方式,采用"施工方式+案例""示意图+现场图"的形式,使本丛书的编写更加简明扼要、方便查找。

新版丛书作为一本实用性的工具书，按不同专业介绍了工程实践中常用的细部节点做法，可以作为设计单位、监理单位、施工企业、一线管理人员及劳务操作层的培训教材，希望对项目各参建方的实际操作和品质控制有所启发和帮助。

新版丛书虽经过长时间准备、多次研讨与审查修改，但仍难免存在疏漏与不足之处，恳请广大读者提出宝贵意见，以便进一步修改完善。

丛书主编：毛志兵

本书前言

本分册根据"建筑工程细部节点做法与施工工艺图解丛书"编委会的要求，由中国建筑第六工程局有限公司会同中建桥梁有限公司、中建城市建设发展有限公司、中建六局建设发展有限公司、中建六局土木工程有限公司、中建六局第一建设有限公司、中建六局第四建设有限公司、中建六局第六建设有限公司、中建六局总承包建设有限公司、中建六局交通建设有限公司共同编制。

在编写过程中，编写组认真研究了国家现行《建筑地基基础设计规范》GB 50007、《地下工程防水技术规范》GB 50108、《建筑地基基础工程施工质量验收标准》GB 50202、《建筑边坡工程技术规范》GB 50330、《建筑地基基础工程施工规范》GB 51004、《建筑桩基技术规范》JGJ 94、《建筑基坑支护技术规程》JGJ 120、《建筑施工临时支撑结构技术规范》JGJ 300，并参照《混凝土结构施工图平面整体表示方法制图规则和构造详图（独立基础、条形基础、筏形基础、桩基础）》22G101-3、《建筑基坑支护结构构造》11SG814 等国家建筑标准设计图集，结合编制组在地基与基础工程施工经验进行编写，并组织中国建筑第六工程局有限公司内、外专家进行审查后定稿。

本分册主要内容有：地基、基础、基坑支护、地下水控制、土方、边坡和地下防水 7 章 300 多个节点，每个节点包括实景或 BIM 图片及工艺说明两部分，力求做到图文并茂、通俗易懂。

本分册编制和审核过程中，得到了中国建筑第六工程局有限公司及参编单位多位领导和专家的支持和帮助，在此表示感谢。

限于编者水平，加之时间仓促、经验不足，书中疏误之处在所难免，不当之处敬请广大读者和专家指正。

目 录

第一章 地基

第二章 基础

第三章　基坑支护

第四章　地下水控制

第五章　土方

╭───────────────────╮
第六章　边坡
╰───────────────────╯

第七章 地下防水

第一章 地基

第一节 ● 素土、灰土地基

灰土拌合

灰土拌合施工现场

工艺说明

　　灰土配合比应用体积比，一般石灰∶黏土为 2∶8 或 3∶7。土料宜优选黏土、粉质黏土或粉土，土粒径应不大于 15mm。石灰应用块灰，使用前充分熟化过筛，石灰颗粒应不大于 5mm。拌合时必须均匀一致，至少翻拌 2 次，灰土拌合料应均匀、颜色一致，灰土的含水量与最优含水量的偏差应小于 2%。现场检测方法：用手握成团，两指轻捏即碎为宜。如土料水分过大或不足时，应进行晾干和洒水湿润。

010102 摊铺（上下层）

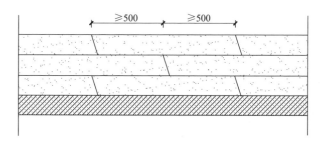

上下两层灰土接槎示意图

灰土摊铺（上下层）施工现场

工艺说明

素土、灰土地基的施工方法、分层铺填厚度、每层压实遍数等宜通过试验确定，分层厚度应根据土质、压实系数及所用机具确定，应随铺填随夯实。基底为软弱土层时，地基底部宜加强。素土、灰土换填地基宜分段施工，分段的接缝不应在柱基、墙角及承重窗间墙下位置，上下相邻两层的接缝距离不应小于500mm，接缝处宜增加压实遍数。

010103 摊铺（高度不同）

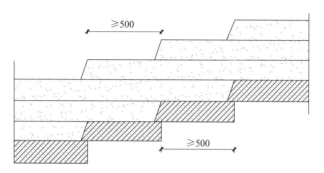

地基高度不同时上下两层灰土接槎示意图

灰土摊铺（高度不同）施工现场

工艺说明

当地基高度不同时，应做成阶梯形，每阶宽不少于500mm，同时注意接缝质量。每层虚土应从留缝处往前延伸500mm，夯实时应夯过接缝300mm以上。接缝时，将留缝处垂直切齐，再铺设下段并夯实。

010104 小型机具夯实

人工使用小型机具夯实施工现场

施工顺序

基坑底地坪上清理→检验土质→分层铺土、耙平→分层夯实→检验密实度→修整找平验收。

工艺说明

每层压实遍数应根据土质、压实系数及所用机具确定。人工打夯应一夯压半夯，夯夯相接，行行相接，纵横交错。碾压遍数应通过试验确定，并控制机械碾压速度。

010105 压路机压实

压路机压实操作

工艺说明

采用碾压方式时，轮迹应相互搭接，防止漏压。长宽比较大时，填土应分层分段进行。每层接缝处应做成斜坡形，碾迹重叠500～1000mm，上下层错缝距离不应小于1000mm。在机械施工碾压不到位的填土部位，应配合人工推土填充，用蛙式或柴油打夯机分层夯实。

010106 素土灰土地基检验

环刀法检验

工艺说明

　　应分层进行检验，在每层压实系数符合设计要求后方可铺填上层土。可采用环刀法、贯入仪、静力触探、轻型动力触探或标准贯入试验等方法进行检验。采用环刀法检验施工质量时，取样点应位于每层厚度的2/3处。筏形与箱形基础的地基检验点数量每50～100m² 不应少于1个点；条形基础的地基检验点数量每10～20m不应少于1个点，每个独立基础不应少于1个点。采用贯入仪或轻型动力触探方式检验施工质量时，每分层检验点的间距应小于4m。

第二节 ● 砂和砂石地基

010201 砂和砂石地基

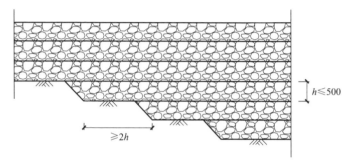

砂和砂石地基铺筑示意图

施工顺序

　　基层处理→抄平放线、设标桩→砂石拌合均匀→分层铺摊→分层夯实→检查验收。

工艺说明

　　砂石铺筑前，应将浮土、淤泥、杂物清理干净，槽侧壁按设计要求留出坡度。当基底标高不同时，不同标高的交接处应挖成阶梯形，阶梯的宽高比为2：1，每阶的高度不宜大于500mm，并应按先深后浅的顺序施工。砂和砂石地基铺筑时，分层夯实，分层做密实度试验，试验合格后方可铺筑下一层砂和砂石。

010202 碎石地基摊铺

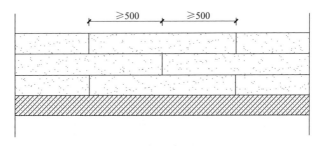

上下两层接槎示意图

碎石地基摊铺施工现场

工艺说明

施工前应通过现场试验性施工确定分层厚度、施工方法、振捣遍数、振捣器功率等技术参数；分段施工时应采用斜坡搭接，每层搭接位置应错开0.5～1.0m，搭接处应振压密实；分层施工时，应在下层的压实系数经试验合格后方可进行上一层施工。基地存在软弱土层时，应在与土面接触处先铺一层150～300mm厚的细砂层或铺一层土工织物。

010203 碎石地基夯实

碎石地基夯实施工现场

工艺说明

　　垫层应分层铺设，分层夯实。基坑内预先安好 5m×5m 网格标桩，控制每层砂、石垫层的铺设厚度。振捣夯实要做到一夯压半夯，夯夯相接，全面夯实，一般不少于 3 遍。夯实遍数、振实时间应通过试验确定。用细砂垫层材料时，不宜使用振捣法和水撼法，以免产生液化现象。

010204 碎石地基压实

碎石地基压实施工现场

施工顺序

检验碎石质量→级配碎石拌合→槽底清理→铺筑碎石→洒水→压路机碾压捣实碎石垫层→找平验收。

工艺说明

垫层应分层铺设，分层压实。基坑内预先安好5m×5m网格标桩，控制每层砂垫层的铺设厚度。采用压路机往复碾压，一般碾压不少于4遍，其轮距搭接不小于50cm。边缘和转角处应用人工或蛙式打夯机补夯密实。碾压遍数、振实时间应通过试验确定。

第三节 • 土工合成材料地基

010301　土工格栅

土工格栅施工现场

施工顺序

　　检测、清理下承层→人工铺设土工格栅→搭接、绑扎、固定→摊铺上层地基土→碾压→检测。

工艺说明

　　土工格栅在平整的下承层上按设计要求的宽度铺设，其上下层填料无刺坏土工格栅的杂物。铺设土工格栅时，将强度高的方向垂直于地基轴线方向布置，土工格栅横向铺设，铺设时绷紧，拉挺，避免折皱、扭曲或坑洼。土工格栅沿纵向拼接采用搭接法，搭接宽度不小于20cm。

010302 土工膜

土木膜施工现场

施工顺序

　　平整场地→测量放线→铺设土工膜→土工膜连接→覆盖。

工艺说明

　　铺放土工膜的基层应平整，局部高差不大于50mm。清除树根、草根及硬物，避免损伤破坏土工膜。铺放时应人工拉紧，没有皱折，且紧贴下层。应随铺随压固，以免被风掀起。土工膜铺放时，两端余量不宜少于1000mm，且应按设计要求加以固定。土工膜铺设完后，不得长时间受阳光暴晒，及时进行覆盖保护。

010303 土工格室

土工格室施工现场

工艺说明

　　土工格室适用于地基加筋、垫层和表面防护，它为立体结构，通过改变其深度和孔型组合，可获得刚性或半弹性的板块，可以大幅提高软质、松散填充材料的承载能力。可广泛应用于修筑铁路、公路、沙漠、沼泽、滩涂、机场的软基处理和边坡防护，也可用于治理山体滑坡、修建挡土墙、处理桥头跳车，还可以用于城市绿化的植被保护。土工格室铺设时，应使格室处于张力状态，不允许有松弛感。每次张拉，土工格室纵向方向最多连接3张，否则会给张拉及正确的布置带来困难。

010304 摊铺碾压

人工铺设上层填料施工现场

工艺说明

　　铺好土工膜后，人工铺设上层填料，及时完成碾压，避免长期暴晒，然后采用机械运料、整平、碾压。机械摊铺、碾压从两边向中间推进，压实度达到规范要求。杜绝一切施工车辆和施工机械行驶或停放在已铺好的土工格栅上，施工中随时检查土工格栅的质量，发现有折损、刺破、撕裂等损坏时，视程度修补或更换。

第四节 ● 粉煤灰地基

010401 粉煤灰摊铺

粉煤灰摊铺施工现场

施工顺序

　　基层处理→粉煤灰分层铺设、分层夯（压）实→分层进行密实度检验→检查验收。

工艺说明

　　施工前应对基槽清底状况、地质条件予以检验。用机械夯实时，每层铺设厚度为200～300mm，夯完后厚度为150～200mm；用压路机压实时，每层铺设厚度为300～400mm，压实后为250mm；对小面积基坑（槽），可用人工摊铺，用平板振动器或蛙式打夯机进行振（夯）实。大面积换填地基，采用推土机摊铺，选用推土机预压2遍，然后用压路机（8t）碾压，压轮重叠1/2～1/3，往复碾压，一般碾压4～6遍。施工过程中应检查铺筑厚度、碾压遍数、施工含水量控制、搭接区碾压程度、压实系数等。在夯（压）实时，如出现"橡皮土"现象，应暂停压实，可采取地基开槽、翻松、晾晒或换灰等办法处理。

第五节 • 强夯地基

010501 试夯

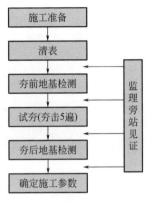

试夯流程图

工艺说明

使用全站仪放出试夯范围，并标出试夯点位置，测量地面高程。清表完毕后，对地基进行动力触探、静力触探及平板荷载的试验检测，不同的夯击能试验每项检测 3 个点；选择相邻位置点 6m 深度内每隔 1.0m 取样，测定地基土的干密度、压缩模量等试验数据。

土体的加固影响深度＝系数×$\sqrt{锤重×落距}$，落距根据单击夯击能和锤重确定，即锤重（kN）×落距（m）＝单击夯击能（kN·m）。对夯前、夯后所测数据进行分析整理，对比后确定单点总夯击能与夯入度、夯点间距及夯遍间歇时间、夯击遍数、有效加固深度及不同夯击能地基处理的有效加固深度，选择合理的施工参数，用以指导后续施工。

010502 夯点布置

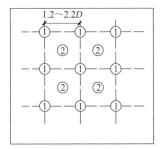

点夯2遍平面布置示意图
1为第一遍夯击点
2为第二遍夯击点
D为夯锤直径

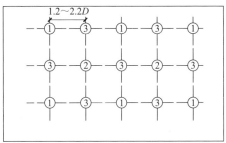

点夯3遍平面布置示意图
1为第一遍夯击点
2为第二遍夯击点
3为第三遍夯击点
D为夯锤直径

夯点布置图

工艺说明

　　夯击点位置可根据基底平面形状采用梅花形或正方形布置。夯击点间距可取夯锤直径的1.2～2.2倍。

　　夯击遍数间隔时间取决于土中超静孔隙水压力的消散时间。凡是产生超孔隙水压力、夯坑周围出现较大隆起时，不能继续夯击，要等超孔隙水压力大部分消散后，再夯下一遍。一般黄土夯击间隔时间不少于7d，黏性土间隔时间不少于3～4周，具体间隔时间可根据工艺性试夯试验确定。施工时首先应控制夯击遍数间隔时间，并做详细记录，其次可根据实际情况调整施工流水顺序，安排合理的流水节拍，宜使各区段间达到连续夯击。不应出现间隔时间未到而强行施工的现象。

010503 强夯施工

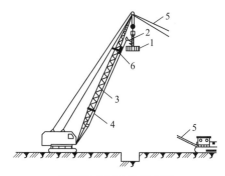

用履带式起重机强夯图

1—夯锤；2—自动脱钩装置；3—起重臂杆；4—拉绳；5—锚绳；6—废轮胎

强夯施工现场

工艺说明

　　按设计要求确定夯击路线，无规定时使相邻轴线的夯击间隔时间尽量拉长，特别是当土的含水率较高时。夯击时夯锤的气孔要畅通，夯锤落地时应基本水平。各夯点应放线定位，夯完后检查夯坑位置，发现偏差及漏夯应及时纠正。强夯施工时应对每一夯击点的单夯夯击能量、夯击次数和每次夯沉量等进行详细记录。强夯处理后地基的承载力检验应采用原位测试和室内土工试验。

010504 强夯置换施工

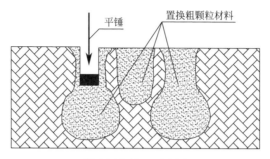

平锤　　置换粗颗粒材料

强夯置换施工示意图

夯坑填料

工艺说明

　　强夯置换法适用于高饱和度的粉土与软塑～流塑的黏性土等对变形控制要求不严的地基工程。强夯置换施工前，应在施工现场有代表性的场地上选取一个或几个试验区，进行试夯或试验性施工。试验区数量应根据建筑场地复杂程度、建筑规模及建筑类型确定。强夯置换墩材料宜采用级配良好的块石、碎石、矿渣等质地坚硬、性能稳定的粗颗粒材料，粒径大于300mm的颗粒含量不宜大于全重的30%。夯点施打原则宜为由内而外、隔行跳打。每遍夯击后测量场地高程，计算本遍场地抬升量，抬升量超设计标高部分宜及时推除。

010505 降水联合低能级强夯施工

井点降水

◆ 工艺说明

　　软土地区及地下水埋深较浅地区，采用降水联合低能级强夯施工。强夯施工前应先设置降水系统，降水系统宜采用真空井点系统，在加固区以外 3～4m 处设置外围封闭井点。夯击区降水设备的拆除应待地下水位降至设计水位并稳定不少于 2d 后进行。低能级强夯应采用少击多遍、先轻后重的原则。每遍强夯间歇时间宜根据超孔隙水压力消散不低于 80% 确定。地下水位埋深较浅地区施工场地宜设纵横向排水沟网，沟网最大间距不宜大于 15m。

　　降水联合低能级强夯施工步骤：（1）平整场地，安装设置降水系统及封堵系统，并预埋孔隙水压力计和水位观测管，进行第一遍降水；（2）检测地下水位变化，当达到设计水位并稳定至少 2d 后，拆除场区内的降水设备，保留封堵系统，然后按夯点位置进行第一遍强夯；（3）一遍夯后即可插设降水管，安装降水设备，进行第二遍降水；（4）按照设计的强夯参数进行第二遍强夯施工；（5）重复步骤（3）～（4），直至达到设计的强夯遍数；（6）全部夯击结束后，进行推平和碾压。

第六节 ● 注浆地基

010601 | 压密注浆

压密注浆示意图

工艺说明

压密注浆法适用于处理砂土、粉性土、黏性土和一般填土层以及地下结构、管道的堵漏、建筑物纠偏等工程。其目的是防渗堵漏、提高地基土的强度和抗变形能力、控制地层沉降。注浆施工前应进行室内浆液配比试验和现场注浆试验。注浆施工应记录注浆压力和浆液流量，并应采用自动压力流量记录仪。注浆顺序应按跳孔间隔注浆方式进行，并宜采用先外围后内部的注浆施工方法。注浆孔的孔径宜为 70~110mm，孔位偏差不应大于 50mm，钻孔垂直度偏差应小于 1/100。注浆孔的钻杆角度与设计角度之间的倾角偏差不应大于 2°。

010602 压密注浆施工

压密注浆施工现场

工艺说明

　　压密注浆应按照跳打间隔注浆方式进行，并宜采用先外围后内部的注浆施工方法（先外围一圈封堵，再施工内部注浆）。当地下水流速较大时，应从水流高的一段开始注浆。采用低坍落度的砂浆压密注浆时，每次上拔高度宜为400～600mm。采用坍落度为25～75mm的水泥砂浆压密注浆时，注浆压力宜为1～7MPa，注浆的流量宜为10～20L/min。

010603 劈裂注浆

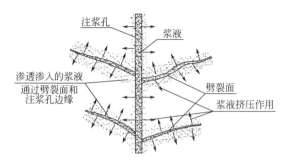

劈裂注浆示意图

劈裂注浆施工现场

工艺说明

劈裂注浆是目前应用较广的一种软弱土层加固方法，既可应用于渗透性较好的砂层，又可应用于渗透性差的黏性土层。劈裂注浆采用高压注浆工艺，将水泥或化学浆液等注入土层，以改善土层性质，在注浆过程中，注浆管出口的浆液对四周地层施加了附加压应力，使土体发生剪切裂缝，而浆液则沿着裂缝从土体强度低的地方向强度高的地方劈裂，劈入土体中的浆体便形成了加固土体的网络或骨架。注浆压力的选用应根据土层的性质及其埋深确定。劈裂注浆时，砂土宜取 0.2～0.5MPa，黏性土宜取 0.2～0.3MPa。

010604 高压喷射注浆

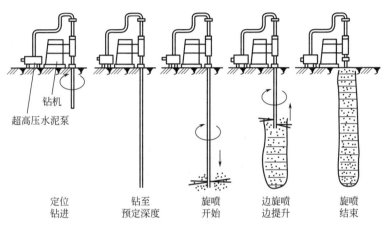

钻机
超高压水泥泵

定位   钻至   旋喷   边旋喷   旋喷
钻进   预定深度   开始   边提升   结束

高压喷射注浆流程图

施工顺序

钻机就位→钻孔→插管→喷射注浆作业→拔管→清洗机具→移开机具→回填注浆。

工艺说明

高压喷射注浆按喷射流移动轨迹分为旋喷、定喷和摆喷三种，目前常用为旋喷；按注浆管类型分为单管法、双管法、三管法和多重管法；按加固形状可分为柱状、壁状、条状和块状。

在喷射注浆过程中，应观察冒浆的情况，以便及时了解土层情况、喷射注浆的大致效果和喷射参数是否合理。

第七节 • 预压地基

010701 堆载预压

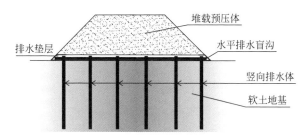

堆载预压施工示意图

工艺说明

堆载预压法即堆载预压排水固结法。该方法通过在场地加载预压，使土体中的孔隙水沿排水板排出，土体逐渐固结，地基发生沉降，同时强度逐步提高。适合工期要求不紧的项目。对深厚软黏土地基，应设置塑料排水带或砂井等排水竖井。当软土层厚度较小或软土层中含较多薄粉砂夹层，且加固速率能满足工期要求时，可不设排水竖井。

堆载预压不得使用淤泥土或含垃圾杂物的填料，填筑过程应按设计要求或采取有效措施防止预压土污染填筑好的路基。堆载预压土应边堆土边推平，顶面应平整。堆载预压施工时应保护好沉降观测设施。堆载预压填筑过程中应同步进行地基沉降与侧向位移观测。堆载预压的加载速率应根据地基土的强度确定，当天然地基土的强度满足预压荷载下地基的稳定性要求时，可一次性加载；如不满足应分级逐渐加载，待前期预压荷载下地基土的强度增长满足下一级荷载下地基的稳定性要求时，方可加载。堆载预压处理地基设计的平均固结度不宜低于90%，且应在现场监测的变形速率明显变缓时方可卸载。

010702 塑料排水带施工

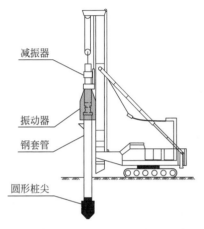

振动打桩机打设塑料排水板作业示意图

减振器

振动器

钢套管

圆形桩尖

塑料排水带施工现场

工艺说明

　　塑料排水带的性能指标应符合设计要求，并应在现场妥善保护，防止阳光照射、破损或污染。破损或污染的塑料排水带不得在工程中使用。塑料排水带须接长时，应采用滤膜内芯带平搭接的连接方式，搭接长度宜大于200mm。塑料排水带施工所用套管应保证插入地基中的带子不扭曲。塑料排水带施工应保持入土的连续性，发现断裂即重新施插，连接排水带的上下搭接长度不小于10cm，并应连接牢固。塑料排水带施工时，平面井距偏差不应大于井径，垂直度允许偏差应为±1.5%，深度应满足设计要求。完成排水带的施插并切断后，露出地面的"板头"长度不得小于15cm。

010703 袋装砂井施工

整平原地面

铺设下垫砂层

测设放样

机具定位

打入钢套管

沉入砂袋

拔钢套管

机具移位

埋砂袋头

摊铺砂垫层

袋装砂井施工流程及施工现场

工艺说明

　　袋装砂井的具体施工方法：（1）将钢套管打入土中，至设计要求深度；（2）将预先准备好的比砂井长 2m 左右的聚丙烯编织袋底部装入大约 20cm 的砂，并将底部扎紧，然后放入孔内；（3）将袋的上端固定在装砂漏斗上，从漏斗口将干砂边振动边流入砂袋，装实装满为止，然后卸下砂袋，拧紧套管上盖，然后一边把压缩空气送进套管，一边提升套管直至地面；（4）机具移位，埋砂袋头，并摊铺砂垫层。

　　袋装砂井的质量控制：为保证砂井打设质量，施工前一定要对砂袋提出质量要求并进行性能检测；灌入砂袋中的砂宜为干砂，应捣固密实，砂袋灌入砂后，露天要有遮盖，切忌长时间暴晒，以免老化；每根砂井的长度均须保证伸入砂垫层至少 30cm，并不得卧倒；袋装砂井施工时，平面井距偏差不应大于井径，垂直度允许偏差应为 ±1.5%，深度应满足设计要求；砂袋埋入砂垫层中的长度不应小于 500mm。

010704 砂井堆载预压

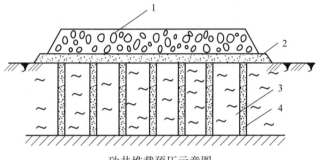

砂井堆载预压示意图

1—堆料；2—砂垫层；3—淤泥；4—砂井

施工顺序

砂井成孔→灌砂→捣实→铺排水砂垫层→预压载荷→加载→预压→卸荷。

工艺说明

砂井堆载预压不得使用淤泥土或含垃圾杂物的填料，填筑过程应按设计要求或采取有效措施防止预压土污染填筑好的地基。堆载预压施工时应保护好沉降观测设施。堆载预压填筑过程中应同步进行地基沉降与侧向位移观测。堆载预压土的填筑速率应符合设计要求，保证路堤安全、稳定。堆载预压的加压量和加压时间应满足设计要求。

010705 真空预压

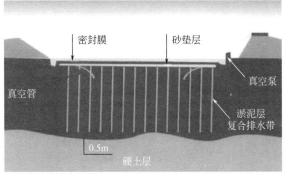

真空预压示意图及施工现场

施工顺序

测量放线→铺设主支滤排水管→铺设上层砂垫层→砂面整平→铺设聚氯乙烯薄膜→施工密封沟→设置测量标志→安装真空泵→抽真空预压固结土层。

工艺说明

真空预压是通过覆盖于地面的密封膜下抽真空，在膜内外形成气压差，使黏土层产生固结压力。

第八节 ● 砂石桩复合地基

010801 砂石桩

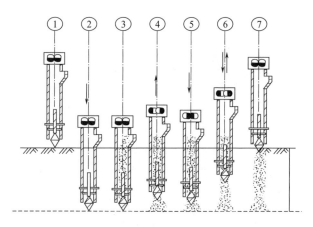

砂石桩施工示意图

施工顺序

    平整场地→桩机就位→启动桩锤打至标高→灌砂石→提升桩管→振动挤压→至桩顶标高→进入下一根桩施工。

工艺说明

    对砂土地基宜从外围或两侧向中间进行；对黏性土地基宜从中间向外围或隔排施工；在邻近既有建（构）筑物施工时，应背离建（构）筑物方向进行。砂石桩施工可采用振动沉管、锤击沉管或冲击成孔等成桩法。施工前应进行成桩工艺和成桩挤密试验，砂石桩工艺性试桩的数量不应少于2根，以掌握对该场地的施工经验及施工参数；当用于消除粉细砂及粉土液化时，宜用振动沉管成桩法。

第九节 • 高压旋喷注浆地基

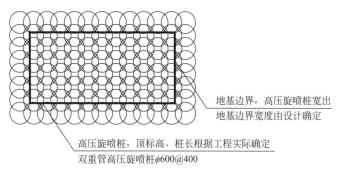

地基边界，高压旋喷桩宽出
地基边界宽度由设计确定

高压旋喷桩，顶标高、桩长根据工程实际确定
双重管高压旋喷桩ϕ600@400

高压旋喷地基平面示意图

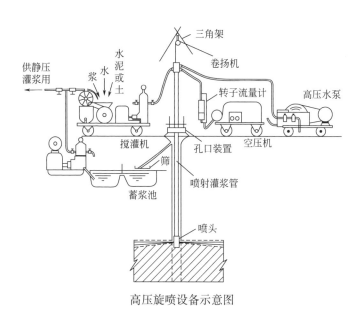

三角架

卷扬机

水泥或土

水

浆

供静压
灌浆用

转子流量计

高压水泵

搅灌机

筛

孔口装置

空压机

蓄浆池

喷射灌浆管

喷头

高压旋喷设备示意图

施工顺序

    施工场地准备→钻机就位调直→钻孔插管→后台泥浆制作→高压旋喷注浆→泥浆外运。

工艺说明

    高压旋喷注浆地基处理一般选用桩径 600mm、间距 400mm 的高压旋喷桩，浆液宜采用 42.5 级普通硅酸盐水泥纯浆，水灰比宜为 0.8~1.0，施工参数须根据现场土质情况通过试搅进行适当调整，高压水泥浆液流压力应不小于 20MPa，提升速度 0.1~0.2m/min，同时确保两桩之间搭接不少于 0.2m，一般采用双重管高压旋喷注浆施工工法。

010902 钻机就位调直

钻机就位调直现场

工艺说明

　　钻杆移动就位后，须校正钻机主要立轴两个不同方向的垂直度。使用回转钻机，须校正导向杆。第一次就位后，采用经纬仪从两个方向进行校正，通过调整桩机支座的高度，将立杆调整至垂直位置，垂直度误差不得超过1%。一次调整后，后续桩机连续施工时，可采用垂直度尺或线锤固定于立杆两个方向，每次开钻前进行调直，合格后方可施工。

010903 钻孔插管

钻孔插管现场

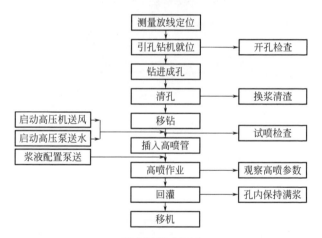

钻孔插管流程图

工艺说明

在插管时，水压不宜大于1MPa。旋喷作业时，应检查注浆流量、风量、压力、旋转提升速度等。高压水射流的压力宜大于20MPa。

010904 后台泥浆制作

后台泥浆制作现场

工艺说明

水泥浆液的水灰比取0.8～1.2，灌入水泥浆液的相对密度取1.5～1.6，返浆相对密度取1.2～1.3。浆液宜在旋喷前1h内搅拌，搅拌后不得超过4h，当超过时，应经专门试验证明其性能符合要求后方可使用。水泥宜采用42.5级普通硅酸盐水泥，根据需要可加入适量的速凝或早强等外加剂。

010905 注浆

注浆施工现场

工艺说明

　　注浆管进入预定深度后，先进行试喷。应先送高压水，再送水泥浆和压缩空气，压缩空气可晚送30s。在桩底部边旋转边喷射1min后，再边旋转、边提升、边喷射，由下而上喷射注浆。喷射管分段提升的搭接长度不得小于100mm。停机时先关高压水和压缩空气再停止送浆。施工顺序为先喷浆后旋转和提升。

第十节 ● 水泥搅拌桩地基

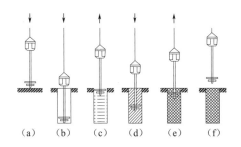

（a） （b） （c） （d） （e） （f）

单轴、双轴水泥搅拌桩施工示意图

（a）定位下沉；（b）钻入到设计深度；（c）喷浆搅拌提升；（d）重复喷浆搅拌下沉；（e）重复搅拌提升；（f）搅拌完成形成加固体

施工顺序

桩位放样→钻机就位→检验、调整钻机→正循环钻进至设计深度→打开高压注浆泵→反循环提钻并喷水泥浆→至工作基准面以下 0.3m→重复搅拌下钻并喷水泥浆至设计深度→反循环提钻至地表→成桩结束→施工下一根桩。

工艺说明

单轴、双轴水泥搅拌桩施工采用二喷四搅工艺。水泥搅拌桩开钻之前，应用水清洗整个管道并检验管道中有无堵塞现象，待水排尽后方可下钻。第一次下钻时为避免堵管可带浆下钻，喷浆量应小于总量的 1/2，严禁带水下钻。第一次下钻和提钻时一律采用低挡操作，复搅时可提高一个挡。每根桩的正常成桩时间应不少于 40min，喷浆压力不小于 0.4MPa。为保证水泥搅拌桩桩端、桩顶及桩身质量，第一次提钻喷浆时应在桩底部停留 30s，进行磨桩端，余浆上提过程中全部喷入桩体，且在桩顶部位进行磨桩头，停留时间为 30s。

011002 三轴水泥搅拌桩施工

1 用搅拌桩机施工预埋孔，放入预埋钻杆。

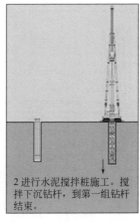

2 进行水泥搅拌桩施工。搅拌下沉钻杆，到第一组钻杆结束。

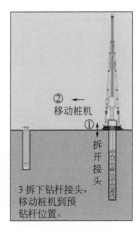

3 拆下钻杆接头，移动桩机到预钻杆位置。

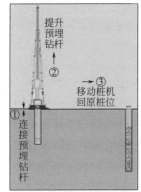

4 连接预埋钻杆，提升预埋钻杆，移动桩机回到原桩位。

5 将预埋钻杆和第一组钻杆连接起来，继续搅拌下沉。

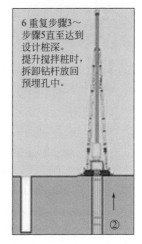

6 重复步骤3～步骤5直至达到设计桩深。提升搅拌桩时，拆卸钻杆放回预埋孔中。

三轴水泥搅拌桩施工示意图

工艺说明

　　环境要求高的工程应采用三轴水泥搅拌桩,施工深度大于30m宜采用接杆工艺,大于30m的机架应有稳定性措施,导向架垂直度偏差不应大于1/250。三轴水泥搅拌桩水泥浆液的水灰比宜为1.5～2.0,制备好的浆液不得离析,泵送应连续,且应采用自动压力流量记录仪。水泥搅拌桩施工时,停浆面应高于桩顶设计标高300～500mm,开挖基坑时,应将搅拌桩顶端浮浆桩段用人工挖除。施工中因故停浆时,应将钻头下沉至停浆点以下0.5m处,待恢复供浆时再喷浆搅拌提升,或将钻头抬高至停浆点以上0.5m处,待恢复供浆时再喷浆搅拌下沉。

011003 | 桩身检测

轻型触探仪

桩身检测现场

工艺说明

  成桩7d后，进行开挖自检，观察桩体成型情况及搅拌均匀程度，测量成桩直径，并如实做好记录；采用轻型触探仪检查桩的质量，根据击数用对比法判定桩身强度，抽检频率为2%，如发现凝体不良现象等情况，应及时报废补桩。成桩28d后由现场监理工程师（现场随机指定），从桩体上部桩顶以下0.5m、1.0m、1.5m处截取整段桩体并分成三段进行桩的无侧限抗压强试验，28d的无侧限抗压强度大于等于1.0MPa并推算90d的无侧限抗压强，90d的无侧限抗压强度大于等于1.2MPa。

011004 水泥搅拌桩

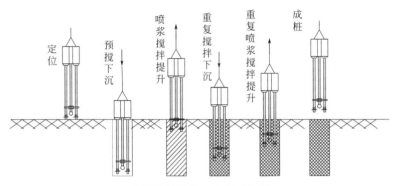

定位　　预搅下沉　　喷浆搅拌提升　　重复搅拌下沉　　重复喷浆搅拌提升　　成桩

水泥搅拌桩施工流程示意图

施工顺序

　　桩位放样→钻机就位→检验、调平→预搅下沉至设计加固深度→打开高压注浆泵→边喷水泥浆，边搅拌提升→至工作基准面以下0.3m→喷浆重复搅拌下沉至设计加固深度→搅拌提升直至预定的停浆面→成桩结束→施工下一根桩。

工艺说明

　　水泥搅拌桩施工宜采用二喷四搅工艺。第一次下钻时为避免堵管可带浆下钻，喷浆量应小于总量的1/2，严禁带水下钻。第一次下钻和提钻时一律采用低挡操作，复搅时可提高一个挡。每根桩的正常成桩时间应不少于40min，注浆泵出口压力应保持在0.40~0.60MPa。竖向承载搅拌桩施工时，停浆（灰）面应高于桩顶设计标高300~500mm。成桩直径和桩长不得小于设计值。

第十一节 ● 土和灰土挤密桩复合地基

011101 土和灰土挤密桩

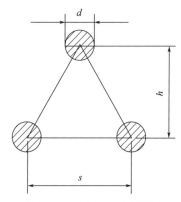

挤密桩间距和排距计算简图

d—桩孔直径；s—桩间距；h—桩排距

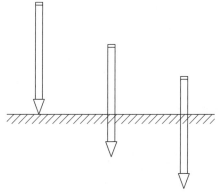

示意图和计算简图

桩间距：$s = 0.95d\sqrt{\dfrac{f_{pk} - f_{sk}}{f_{spk} - f_{sk}}}$

式中　　f_{pk}——灰土桩体的承载力特征值（宜取 $f_{pk} = 500\text{kPa}$）；

　　　　f_{sk}——挤密前填土地基的承载力特征值（应通过现场测试确定）；

　　　　f_{spk}——处理后要求的复合地基承载力特征值。

排距：（桩孔间距确定之后，可计算桩孔排距 h）

　　　　等边三角形布桩：$h = 0.87s$

施工顺序

　　清理整平施工场地→测量放线→桩点布置→机械就位→桩点高程测量→打桩成孔→灰土拌制→封管→夯填灰土→成桩。

工艺说明

　　土和灰土挤密桩成孔过程为桩孔内的土被强制侧向挤出，桩周围一定范围内的土被压缩。土和灰土挤密桩地基施工时挤密成孔顺序：局部处理时遵循"由外往里成孔、隔一孔或数孔成孔、成孔后及时夯填孔料、等邻近孔夯填完孔料后再成孔"；整片处理时遵循"隔一孔或数孔成孔，成孔后及时夯填孔料、分批流水组织施工"；隔孔成孔时可视施工现场情况决定。压实度应大于 97%，桩长大于设计桩长 500mm，桩径不小于设计桩径 20mm。

第十二节 • 水泥粉煤灰碎石桩复合地基

011201 水泥粉煤灰碎石（CFG）桩

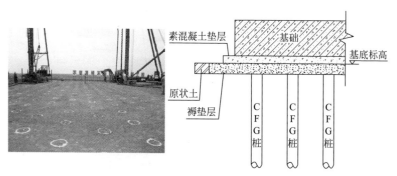

水泥粉煤灰碎石（CFG）桩示意图及现场

工艺说明

CFG桩桩体通常由水泥、粉煤灰、碎石等构成。宜选用粒径5～20mm、含泥量不大于2%的石子；宜选用Ⅰ级或Ⅱ级粉煤灰，细度分别不大于12%和20%；宜选用含泥量不大于5%且泥块含量不大于2%的中砂或粗砂。坑边工作面不小于1m。桩径、桩长、混凝土强度等级、数量、位置等由设计计算确定。钻进速度根据土层情况确定。

CFG桩施打先后顺序：施工一般优先采用间隔跳打法，也可采用连打法，具体的施工方法由施工现场试验确定。在软土中，桩距较大时可采用间隔跳打，但施工新桩与已打桩时间间隔不小于7d；在饱和的松散土层中，如桩距较小，不宜采用间隔跳打法；全长布桩时，应遵循"由一边向另一边"的原则。

011202 桩头处理

环切截桩

截桩后桩头

工艺说明

　　人工清理桩和桩间土至设计标高，并验槽确定地基土与勘察报告是否相符。打桩弃土和保护土层清至设计标高，环切后用大锤沿水平方向两两相对同时击打钢钎，将桩头截断。严禁用钢钎向斜下方击打或单向击打桩身，截桩后用钢钎和手锤将桩顶修平至桩顶设计标高。桩头标高允许误差：0～20mm。

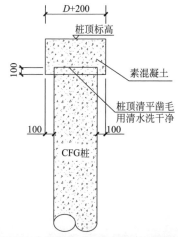

接桩示意图及现场

工艺说明

　　桩顶标高若低于设计标高，先将桩顶修平、凿毛，用比 CFG 桩桩身混凝土高一个强度等级的素混凝土接桩至设计桩顶标高。一般桩顶保护桩长不少于 0.5m。

011204 褥垫层做法

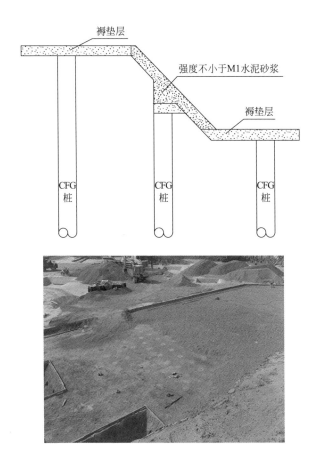

褥垫层做法示意图及现场

工艺说明

　　褥垫层所用材料为级配碎石、碎石或中粗砂,粒径小于等于30mm,厚度由设计确定,一般为150～200mm。斜面处因无法铺设褥垫层,所以改用强度不小于M1的水泥砂浆抹平。

011205 桩检测——单桩静载试验

桩检测——单桩静载试验现场

工艺说明

采用油压千斤顶进行加载，千斤顶的加载反力装置采用压重平台反力系统，由主梁、次梁及预先堆置好的配重承台组成。通过手泵或高压油泵向千斤顶供油加载，由并联于千斤顶上的标准压力表测定油压，根据千斤顶率定曲线换算荷载。桩的沉降采用 2 只量程为 500mm 的百分表测定，百分表通过磁性表座固定在两根基准梁上。采用慢速维持荷载法逐级加载，每级荷载作用下沉降达到稳定标准后加下一荷载，直到荷载最大值，然后分级卸载到零。试验分为十级进行加载，每级加载为荷载最大值的 1/10，第一级可按 2 倍分级荷载加载。

第十三节 • 夯实水泥土桩复合地基

011301 平面示意及工艺说明

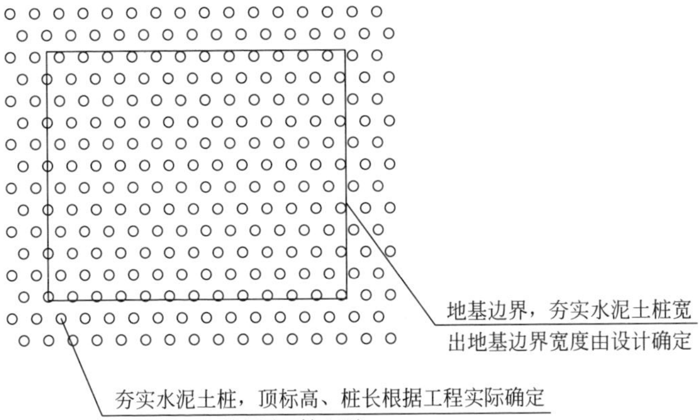

地基边界，夯实水泥土桩宽
出地基边界宽度由设计确定

夯实水泥土桩，顶标高、桩长根据工程实际确定
按等边三角形布置，桩心距1200mm

夯实水泥土桩复合地基平面示意图

工艺说明

　　夯实水泥土桩体采用的土料中有机质含量不得超过5%，不得含有冻土或膨胀土，土料与水泥应拌合均匀，水泥用量不得少于按配比试验确定的重量，桩体内的平均压实系数大于等于0.97。

011302 剖面示意及做法

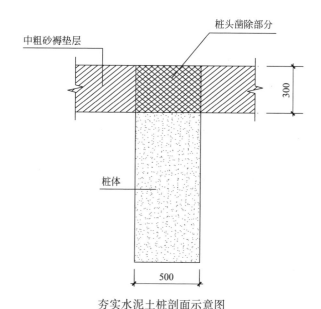

夯实水泥土桩剖面示意图

工艺说明

　　桩顶标高以上设置 300mm 厚中粗砂褥垫层，最大粒径不宜大于 20mm，夯填度不大于 0.9。褥垫层出桩外皮不小于 300mm，褥垫层四周应采用 250mm 厚夯实水泥土（1∶9）进行围护，每边宽出褥垫层边大于等于 1.0m 以防雨水、生活用水等渗漏浸泡地基。桩顶夯填高度应大于设计桩顶标高 300mm，垫层施工时应将多余桩体凿除，桩顶面应水平。

011303 成孔

成孔过程施工现场

工艺说明

可采用螺旋钻机成孔，成孔直径和钻孔深度按设计要求进行控制。复合地基处理前应先小范围试打，取得有效参数且满足设计要求后，方可大面积推开。

011304 分层夯实

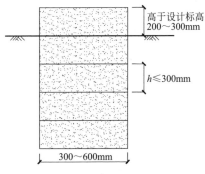

高于设计标高
200～300mm

$h\leqslant300\text{mm}$

300～600mm

分层夯填示意图

分层夯实施工现场

◆ **施工顺序**

　　就位→成孔→孔底夯实→夯填桩孔→提升钻具，移至下一根桩。

◆ **工艺说明**

　　应按设计要求选用成孔工艺，挤土成孔可选用沉管、冲击等方法；非挤土成孔可选用洛阳铲、螺旋钻等方法。施工应隔排隔桩跳打。夯锤的落距和填料厚度应根据现场试验确定，混合料的压实系数不应小于0.93。桩顶夯填高度应大于设计桩顶标高200～300mm，分层夯填填料厚度不超过300mm，垫层施工时应将多余桩体凿除，桩顶面应水平。

第十四节 • 振冲碎石桩复合地基

011401 振冲碎石桩

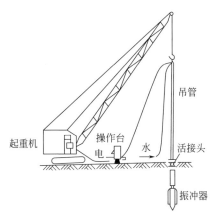

湿式振冲碎石桩示意图

标签：起重机、操作台、电、水、吊管、活接头、振冲器

湿式振冲碎石桩施工现场

工艺说明

  振冲法分湿式振冲和干式振冲两种，按照填料方式又分为连续填料、间隔填料和不填料三种方式。

  湿式振冲法是以起重机吊起振冲器，启动潜水电机后带动偏心块，使振冲器产生高频振动，同时开动水泵，喷射高压水流，在边振边冲的联合作用下，将振冲器沉到土中的预定深度，经过清孔后，就可以从地面向孔中逐渐填入碎石，每段填料均在振动作用下被振挤密实，达到所要求的密实度后提升振冲器，如此重复填料和振密，直至地面，从而在地基中形成一根大直径的密实桩体，起到加固软基的效果。其主要原理是置换作用。湿式振冲法适用于处理饱和的粉土和黏性土，以及填土地基。

  干式振冲法是湿式振冲法的一种改进，它可改善施工过程中及其后一段时间内桩间土含水量增加，导致强度降低，以及施工过程中大量排泥浆污染环境的缺点。它是以挤密加固为主，挤密效果与土的含水率关系密切，当含水率接近塑限时效果最好，若小于10%或大于24%时效果很差。复合地基承载力比杂填土提高1.3～2.5倍，比黏性土提高0.9～1.5倍。干振碎石桩适用于加固松散的非饱和黏性土（含水率小于25%）、素填土、杂填土和二级以上非自重湿陷性黄土，加固深度6m左右。

011402 碎石桩的定位

碎石桩定位施工现场

工艺说明

　　平整场地后，测量地面高程，加固区的高程宜为设计桩顶高程以上1m。如果这一高程低于地下水位，须配备降水设施或适当提高地面高程。最后按桩位设计图在现场用小木桩标出桩位，桩位偏差不得大于3cm。先将振冲器对准桩位，要求振冲器垂直落下，不可出现倾斜现象，否则会偏位和损坏方向节。对好桩位后再次开动水源、电源，检查它们是否正常。

011403 振冲成孔

振冲成孔施工现场

工艺说明

　　开动振冲器同时启动起重机，使振冲器下降，振冲器开孔后，在孔口附近应扩孔。振冲器下降成孔过程应有必要的停留振挤固壁的步骤，下降速度一般控制在 1～2m/min。水压 400～600kPa，水量 200～400L/min，工作时可根据要求减小水量，但不得停水，防止泥沙倒灌入水管，在接近孔底标高时水压适当减小。每贯入 1m，振冲器要提起悬留振冲 5～8s 时间，待泥浆溢出时再继续贯入。泥浆溢出孔口流入泥浆池内，用专用运输车及时运走，当振冲至设计桩底标高以上 30cm 时，将振冲器提到孔口，提升速度 2～3m/min，再往下沉至孔底，重复 1～2 次，既起到清孔的作用又达到扩孔的目的。

011404 碎石桩填料

碎石桩填料施工现场

工艺说明

　　在地基成孔后，按要求往孔内加填料。有三种加料方式：第一种是把振冲器提出孔口，往孔内倒入约1m堆高的填料，然后下降振冲器使填料振实，重复进行此操作；第二种是振冲器不提出孔口，只是向上提升约1m，然后向孔口倒料，再下降振冲器使填料振实；第三种是边把振冲器缓慢向上提升，边在孔口连续加料。就黏性土地基来说，多采用第一种加料方式，因为后两种方式桩体质量不易保证。

011405 碎石桩施工顺序

碎石桩布置施工现场

工艺说明

　　桩的施工顺序一般采用"由里向外"或"一边推向另一边"的方式，这样有利于挤走部分软土。如果"由外向里"制桩，中心区的桩很难做好。对抗剪强度很低的软黏土地基，为减少制桩时对原土的扰动，宜用间隔跳打的方式施工。

第十五节 • 多点胁迫无填料振冲＋高真空击密降水复合地基

011501 明沟开挖、扰动碾压

开挖排水明沟施工现场

工艺说明

　　对于填海造地而成的砂土地基，先采用多点胁迫无填料振冲法对土体加固。由于吹填土含水量达到饱和状态，振冲起吊的设备无法行走，先采用水陆挖掘机对场地进行表层扰动，并排除地表水，经过2～3d，扰动过的场地经过排水固结一段时间后，采用湿地推土机进行多次碾压（一般为4～6遍），采用普通挖掘机沿施工区域开挖环形排水明沟，排水沟距施工场地5m，经过排水固结（一般固结期为7～10d），表层形成一个厚达1.5～2.0m的硬壳层，满足振冲起吊设备行走要求。由于排水明沟受地表砂土液化的影响，一次无法完成，须进行多次开挖，确保明沟畅通。

011502 多点胁迫振冲施工

双头无填料振冲施工现场

工艺说明

多点胁迫无填料振冲法主要是针对整个地层15～16m深度范围进行加固处理，宜优先采用双头及以上振冲工艺，布点方式宜采用正三角形。砂土地基振冲挤密设计布点间距可以采用2.0～4.5m。振冲器在水平振动的同时利用其自重、高压水泵的冲击力量，徐徐贯入吹填砂层直到预定深度，下沉和上提速度宜为1～1.5m/min。分4次成孔、成桩：第一次匀速下沉是从挖掘机扰动处理后地表开始至地面以下15m，留振20s，然后匀速上拔至孔口，留振20s，中间每段1m，留振时间为10s；第二次匀速下沉至地面以下15m，留振20s，匀速上拔，每间隔1m留振10s直至地面；第三次匀速下沉至地面以下10m处，开始每段0.5m，留振时间为20s，上拔至地面；第四次重复第三次步骤，成桩结束，移至下一组孔位。

011503 高真空降水＋强夯点夯

高真空降水施工现场

工艺说明

多点胁迫振冲结束后，对加固的地基土施加两遍高真空降水和强夯点夯施工。根据设计要求确定井点密度、深度、真空时间、真空度等施工参数。高真空降水自无填料振冲施工完后开始至地基处理完成为止。采用高真空击密降水法主要是针对上部5～6m范围内土体进行再次加固处理，以满足设计承载力要求。井点设备主要包括井点管（管下端配2m滤管）集水总管和抽水设备等，首先排放总管，再埋设井点，用弯联管将井点管与总管连通，然后安装抽水设备，井点管采用水冲法埋设。待吹填土内地下水降至地面下3m后，进行2遍强夯点夯，夯点间距、夯击能、夯击数按照设计实施。第三遍为满夯，满夯夯击能、夯点搭接、夯击数按照设计实施，并测量夯后场地高程。

011504 工后地表沉降测量、地基承载力检测

地基承载力检测施工现场

工艺说明

　　对扰动前地表标高、扰动后地表标高、振冲完成后地表标高、第一遍降水后地表标高、第一遍强夯后地表标高、第二遍强夯后地表标高、处理前和处理后地表总下沉量进行测量，并做好分析统计工作。按照设计要求进行标准贯入度试验，检查地基承载力是否满足设计要求。

第十六节 • MJS 工法（全方位高压喷射工法）地基加固

011601 全方位高压喷射工法

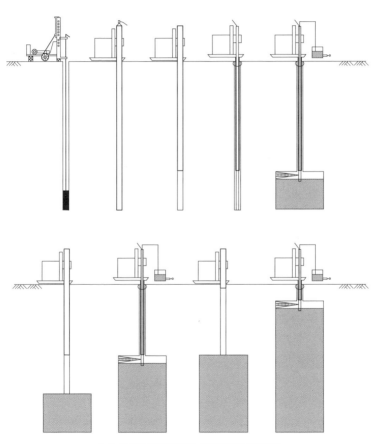

全方位高压喷射工法施工流程示意图

施工顺序

钻机引孔→分节下放外套管→分节拔外套管→下放钻杆至孔底→提钻杆、喷射水泥浆和空气至外套管底→重复拔外套管、提钻杆、喷射水泥浆和空气至外套管底→拔全部套管→提钻杆、喷射水泥和空气至加固设计标高。

工艺说明

全方位高压喷射工法，简称 MJS 工法。MJS 工法在传统高压喷射注浆工艺的基础上，采用了独特的多孔管和前端切削搅拌装置，实现了孔内强制排浆和地内压力监测，并通过调整强制排浆量来控制地内压力，使深处排泥和地内压力得到合理控制。地内压力稳定，也就降低了在施工中出现地表变形的可能性，大幅度减少对环境的影响，而地内压力的降低也进一步保证了成桩直径。和传统旋喷工艺相比，MJS 工法减小了施工对周边环境的影响，可以进行水平、倾斜、垂直各方向、任意角度的施工，最大有效加固深度可达 100m，桩径可达 2.5m。

第十七节 • 液压快速夯实地基

011701 液压快速夯实地基

液压快速夯实机械

工艺说明

　　液压快速夯实地基，是借助液压油缸驱动重锤，产生高频率冲击能处理地基的施工方法。适用于处理碎石填土、杂填土、素填土、砂土、粉土、一般黏性土、湿陷性黄土等地基。可用于对振动有限制的建（构）筑物地基的浅层处理，深基坑及室内外填土夯实，以及市政、机场、港口、铁路路基、公路路基的浅层加固等工程。

011702 施工准备

测放夯点施工现场

工艺说明

    平整施工场地至夯面高程，按夯点布置图测放夯点位置。夯机就位，夯锤中心线置于夯点中心。

011703 施工机械选型

液压快速夯锤参数

项目	单位	轻型				中型			重型	
额定夯击能	kJ	12	16	20	30	36	42	60	84	108
锤芯质量	t	1.2	1.6	2.0	3.0	3.6	4.2	6.0	8.4	9.0
夯锤行程	m	0.2~1.2								
夯击频率	次/min	36~80							40~70	
锤脚直径	m	0.63				1.0			1.2	1.5
夯锤总质量	t	2.7	3.1	3.6	5.9	6.4	6.9	8.8	11.9	14.66

◆ 工艺说明

　　液压快速夯锤按照夯击能分为轻型、中型与重型三种类型。夯锤底端应设置铸造或由钢板组合焊接的锤脚,夯锤与锤脚之间应设置弹性锤垫。锤脚和弹性锤垫的强度和耐打性应满足施工要求。

　　液压夯锤应与液压挖掘机、履带式起重机、装载机或其他专用设备配套;应根据所需夯击能量选用合适的主机功率,主机液压系统的压力和流量应满足驱动夯锤施工要求。

011704 点夯施工

液压快速夯实机点夯施工现场

工艺说明

（1）启动夯锤，按设计规定的夯击次数及控制标准，完成单个夯点的夯击。换夯点，按上述步骤逐次完成全部夯击次数和夯击遍数。（2）施工时，应检查并记录夯锤落距、夯击频率、锤击次数、夯击位置偏差和夯坑深度及夯点最终 10 击平均夯沉量。（3）停锤标准应以控制锤击数为主，以控制最终 10 击平均夯沉量为辅。轻、中、重能级的最终 10 击平均贯入度可分别按 2cm、3cm、4cm 控制。（4）对于饱和黏性土，两遍夯击间隔时间不宜小于 14d；对于非饱和黏性土、粉土、湿陷性黄土，间隔时间不宜小于 7d；渗透性较好的碎石填土、杂填土、砂土等，可连续夯击。

011705 满夯施工

液压快速夯实机满夯现场

工艺说明

(1) 推平夯坑，用不低于点夯 1/2 的能量满夯。满夯的夯击次数不宜低于 6 击，并使锤脚互相叠压 1/4 直径。满夯时的锤脚直径宜大于点夯。(2) 夯坑较浅时可采取一遍满夯，当夯坑较深时应采取两遍满夯。施工结束后测量场区平均夯沉量。

第十八节 • 孔内深层强夯地基

011801 孔内深层强夯地基

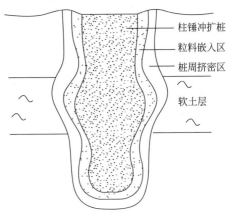

孔内深层强夯地基构造示意图

柱锤冲扩桩
粒料嵌入区
桩周挤密区
软土层

工艺说明

　　孔内深层强夯地基是通过机具成孔（钻孔或冲孔），然后通过孔道在地基处理的深层部位进行填料，用具有高动能的特制重力夯锤进行冲、砸、挤压的高压强、强挤密的夯击作业，可达到加固地基，消纳垃圾、渣土的目的，使地基承载性状显著改善。

011802 机械成孔

旋挖钻孔施工现场

工艺说明

（1）成孔方法应根据土质条件而定。宜选用钻孔、掏孔方法。当场地土为含块石松散土层时，可采用冲击成孔或机械挖孔，对于冲击困难的特殊地层，也可改为机械挖孔或以两锤落距不大于150mm的方法控制成孔深度。（2）场地应平整，承载力不应低于120kPa。成孔机械应保持垂直稳定，垂直度偏差不应大于孔深的2.5％。成孔中心偏差不应超过桩径的1/4。（3）成孔深度应满足设计要求。根据土质情况也可在孔底预留一定厚度的原土层，以重锤夯冲至地基处理设计深度，强夯桩底影响深度应为1～2m。根据设计要求，可在孔底做一人工持力层或扩大头。

011803 强夯作业

强夯施工现场

工艺说明

　　（1）强夯前应检查成孔直径、孔深、垂直度，孔内的虚土和积水情况等，并对孔底强夯至设计标高。检查有无空洞等异常情况，对不符合成孔质量标准的应进行补强加固处理。（2）施工过程中应按规定的填料标准、质量、数量、夯锤击数和落距等有关设计参数进行作业。（3）作业时强夯重锤应与桩孔中心对中，下落时呈自由落体状态，其深度允许偏差应为±500mm。（4）当施工遇到缩孔时，可用硬骨料夯填消除塌孔影响。（5）施工时桩顶应高出设计标高500～1000mm，当按设计要求挖凿至设计标高，填完褥垫层后，应对场地实施低能量满夯一遍。

第二章 基础

第一节 • 无筋扩展基础

020101 毛石基础

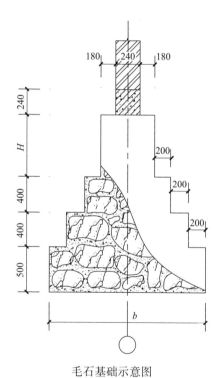

毛石基础示意图

毛石基础施工现场

施工顺序

基底抄平、放线→毛石验收，配制砂浆→摆石擺底，毛石砌筑→立杆挂线，顶部找平→基础验收，养护。

工艺说明

基础尺寸、毛石强度、大小、砂浆强度等按设计图纸要求。毛石要求质地坚实，砂浆不低于 M5，阶梯形毛石基础每阶伸出宽度不宜大于 200mm。组砌应内外搭砌，上下错缝，拉结石、丁砌石交错设置，上下错缝。第一皮要丁砌，坐浆砌筑，不得采用外面侧立石块中间填心的砌筑方法。石块的大面朝下，先坐浆后砌石。阶梯形毛石基础，上段阶梯的石块应至少砌下级阶梯的 1/2。砌体转角处、交接处和洞口处，应用较大的平毛石砌筑。每个阶梯砌体的最上一皮，宜选用较大的毛石砌筑。

020102 摆石摽底

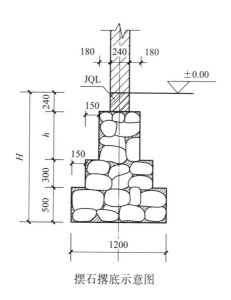

摆石摽底示意图

工艺说明

毛石基础的第一皮应用较大的平毛石砌筑，石块应大面朝下，采用丁砌，坐浆砌筑。

020103 毛石砌筑

两面挂线砌筑现场

工艺说明

　　毛石基础砌筑应两面挂线。交接处和洞口处应用较大的平毛石砌筑。拉结石、丁砌石交错设置，每 $0.7m^2$ 且每皮内间距不大于 2m 设置一块拉结石，立面呈梅花形布置。阶梯形毛石基础，上层阶梯的石块应至少搭压下层阶梯石块 1/2。基础有高低台时，应从低处砌筑，并由高台向低台搭接。转角处和交接处应同时砌筑。

　　基础大放脚砌至基础上部时，要拉线检查轴线及边线，保证基础墙身位置正确。灰缝厚度宜为 20～30mm，砂浆应饱满。石块间较大的空隙应先填塞砂浆并捣实、再用小石块嵌实，不得先填小石块后填灌砂浆。石块间不得出现无砂浆相互接触现象。

020104 素混凝土基础

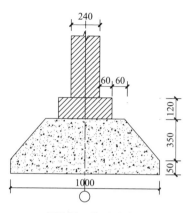

素混凝土基础示意图

素混凝土基础施工现场

施工顺序

　　槽底或模板内清理→商品混凝土拌制、运输→浇筑→振捣→养护。

工艺说明

　　基础尺寸、混凝土强度等按设计图纸要求。混凝土强度不低于C15。混凝土浇筑自由倾落超过2m时，应采用串桶或溜槽。浇筑应分层连续进行，最大不超过40cm。混凝土强度达到1.2MPa以后，方可进行上部施工。

020105 砖基础

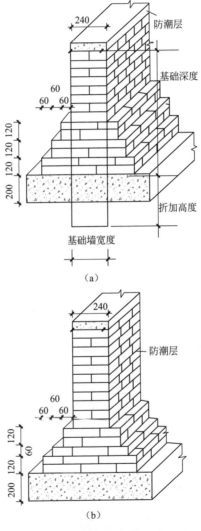

（a）

（b）

砖基础示意图

（a）等高式大放脚；（b）不等高式大放脚

砖基础施工现场

施工顺序

拌制砂浆（采用预拌砂浆）→确定组砌方法→排砖撂底→砌筑→抹防潮层。

工艺说明

砖强度不低于MU10，砂浆应采用预拌砂浆，强度不应低于M5，具体基础构造及尺寸、砖和砂浆强度等按设计图纸要求。组砌方法一般采用满丁满条法，里外咬槎，上下层错缝。采用"三一"砌筑法（即一铲灰，一块砖，一挤揉）。基础大放脚的撂底尺寸及收退方法必须符合设计图纸规定，如一层一退，里外均应砌丁砖；如二层一退，第一层为条砖，第二层砌丁砖。防潮层按设计要求设置，设计无规定时，抹15～20mm防水砂浆。

020106 砖基础砌筑

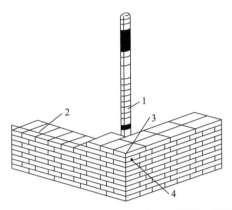

砖基础砌筑——立皮数杆、盘角、挂线示意图

1—皮数杆；2—准线；3—竹片；4—圆铁钉

工艺说明

（1）烧结普通砖、蒸压灰砂砖、蒸压粉煤灰砖应提前1～2d适度浇水湿润，烧结类块体的相对含水率为60％～70％，非烧结类块体的相对含水率为40％～50％。严禁干砖和处于吸水饱和状态的砖上墙。（2）砖基础砌筑前，应将垫层表面清扫干净，洒水湿润。先盘墙角，每次盘角高度不应超过5层砖，随盘随靠平、吊直。砌基础墙应挂线砌筑，二四墙反手挂线，三七以上墙应双面挂线。基础分段砌筑须留斜槎，分段砌筑高度差不得超过1.2m。砌体的转角处和交接处应同时砌筑。

第二节 ● 钢筋混凝土扩展基础

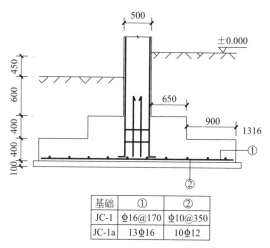

基础	①	②
JC-1	Φ16@170	Φ10@350
JC-1a	13Φ16	10Φ12

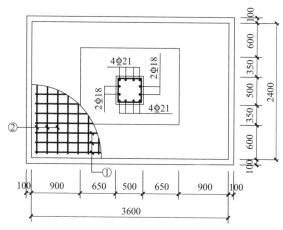

独立基础示意图

独立基础施工现场

施工顺序

　　基坑清理验槽→测量放线→混凝土垫层浇筑、养护→钢筋绑扎→相关专业施工（管线预埋）→模板支设→清理→混凝土浇筑→养护。

工艺说明

　　基础尺寸、钢筋型号规格、混凝土强度等按设计图纸要求。混凝土浇筑要点同普通混凝土浇筑要求，浇筑过程中注意预埋件及管线的保护。如为锥形基础，坡度大于30°时，采用斜模板支护，利用螺栓与底板钢筋拉紧，防止上浮。模板上部设透气及振捣孔；坡度小于等于30°时，利用钢丝网（间距30cm）防止混凝土下坠，上口设井字木控制钢筋位置。

020202 清理基槽

清理基槽施工现场

工艺说明

　　清除槽底表层浮土及扰动土，排除积水，夯实，用全站仪或经纬仪投测轴线，设置轴线控制桩和垫层边线桩，用水准仪在基面上定出基础底标高。

020203 模板工程

模板工程施工现场

工艺说明

　　模板采用木模或钢模，钢管或方木支撑加固。阶梯形独立基础根据基础施工图的尺寸制作每一级台阶的模板，支模顺序为由下至上逐层安装。如为锥形基础，坡度大于30°时，采用斜模板支护，利用螺栓与底板钢筋拉紧，防止上浮。模板上部设透气及振捣孔。

020204 条形基础

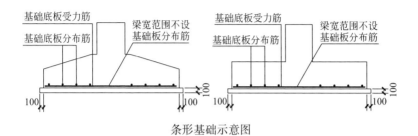

基础底板受力筋
基础底板分布筋
梁宽范围不设基础板分布筋
100
100

基础底板受力筋
基础底板分布筋
梁宽范围不设基础板分布筋
100
100

条形基础示意图

条形基础施工现场

施工顺序

基槽清理、验槽→测量放线→混凝土垫层浇筑、养护→抄平、放线→钢筋绑扎→支模板→相关专业施工（如避雷接地施工）→钢筋、模板质量检查，清理→混凝土浇筑→混凝土养护。

工艺说明

基础尺寸、钢筋型号规格、混凝土强度等按设计图纸要求。混凝土浇筑要点同普通混凝土浇筑要求。

第三节 ● 筏形与箱形基础

020301 平板式筏形基础

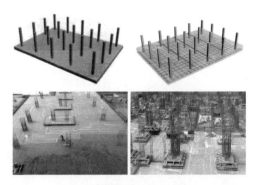

平板式筏形基础施工现场

施工顺序

基槽清理、验槽→测量放线→混凝土垫层浇筑、养护→筏板周边砖侧模施工→防水层施工→混凝土防水保护层浇筑、养护→抄平、放线→钢筋绑扎→支模板（电梯基坑、集水井、地下室外墙下段、后浇带等处模板）、安装止水带（地下室外墙水平施工缝、后浇带等处止水带）→相关专业施工（如避雷接地施工）→钢筋、模板质量检查，清理→混凝土浇筑→混凝土养护。

工艺说明

基础应在排除地下水的条件下施工；后浇带和施工缝留设及处理方法应符合设计和施工方案要求；以后浇带分界，每段混凝土应连续一次浇捣完成，底板厚度大于50cm时，混凝土采取斜面分层浇筑，每层厚度不超过40cm；大体积混凝土宜采取斜面分层浇捣；排除混凝土泌水，将混凝土表面压实抹平；采取覆盖浇水养护，养护时间不少于14d。

020302 止水带安装

地下室外墙水平施工缝处钢板止水带

底板后浇带钢板止水带及模板

工艺说明

　　地下室外墙水平施工缝、后浇带等处按设计要求设置止水带，要求交圈。钢板止水带尺寸和埋设位置必须准确，通过附加钢筋与结构钢筋焊接固定。钢板止水带接头采用搭接双面满焊，要求焊接严密。

020303 梁板式筏形基础

梁板式筏形基础施工现场

施工顺序

基槽清理、验槽→测量放线→混凝土垫层浇筑、养护→筏板周边砖侧模施工→防水层施工→混凝土防水保护层浇筑、养护→抄平、放线→钢筋绑扎→支模板（基础反梁、电梯基坑、集水井、地下室外墙下段、后浇带等处模板）、安装止水带（地下室外墙水平施工缝、后浇带等处止水带）→相关专业施工（如避雷接地施工）→钢筋、模板质量检查，清理→混凝土浇筑→混凝土养护。

工艺说明

基础应在排除地下水的条件下施工；后浇带和施工缝留设及处理方法应符合设计和施工方案要求；以后浇带分界，每段混凝土应连续一次浇捣完成，基础混凝土分层浇捣，每层厚度控制在40cm以内，当基础梁设置为反梁时，浇筑次序为先底板及板厚范围梁，后梁上部，底板混凝土浇筑到顶后应先停歇，待接近初凝时再浇筑基础梁上部混凝土；混凝土表面应压实抹平；采取覆盖浇水养护，养护时间不少于14d。

020304 基础侧模

筏形基础垫层及周边砖侧模施工现场

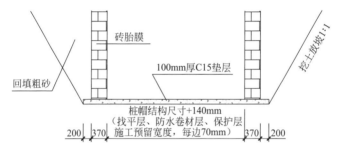

底板砖侧模示意图

工艺说明

地基验槽和桩基验收后，应立即进行混凝土垫层施工。垫层混凝土必须振捣密实，表面按设计标高抹平压光。垫层转角处按施工防水要求抹圆角。

筏板周边、高板位及中板位基础梁位于底板以下部分、较陡或土质较差易坍塌的局部深坑边坡处可采用砖侧模。砖侧模采用红机砖，M5.0水泥砂浆砌筑，内侧采用1:2.5水泥砂浆抹面，与垫层交接处抹成圆角。考虑浇筑混凝土时的侧压力，预先在筏板砖侧模外侧回填土，并将基础梁砖侧模与基槽之间的空隙用砂石填实。

020305 箱形基础

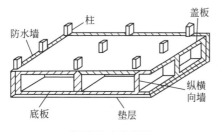

箱形基础示意图

柱
盖板
防水墙
纵横向墙
底板
垫层

箱形基础施工现场

施工顺序

基槽清理、验槽→测量放线→混凝土垫层浇筑、养护→底板周边砖侧模施工→抄平、放线→底板钢筋及箱基墙、柱插筋绑扎→箱基外墙水平施工缝处安装止水带→支外墙下段吊模→相关专业施工（如避雷接地施工）→钢筋、模板质量检查，清理→底板混凝土浇筑→混凝土养护→抄平、放线→箱基墙、柱钢筋绑扎→钢筋质量检查→支箱基墙、柱、顶板模板→箱基顶板钢筋绑扎→相关专业施工→钢筋、模板质量检查，清理→箱基墙、柱、顶板混凝土浇筑→混凝土养护。

工艺说明

基础应在排除地下水的条件下施工；后浇带和施工缝留设及处理方法应符合设计和施工方案要求；以后浇带分界，每段混凝土应连续一次浇捣完成；底板厚度大于 50cm 时，混凝土采取斜面分层浇筑，每层厚度不超过 40cm；大体积混凝土采取斜面薄层浇捣；箱基顶板混凝土采取赶浆法浇筑；箱基墙体混凝土浇筑顺序为先外墙、后内墙，其中箱基外墙混凝土采取分层分段循环浇筑法或分层分段一次浇筑法；板混凝土表面应压实抹平，采取覆盖浇水养护，养护时间不少于 14d；大体积混凝土和冬施期混凝土覆盖养护和测温按规范和专项施工方案进行。

第四节 • 钢结构基础

020401 预制固定模具

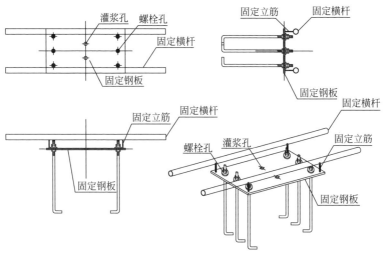

预制固定模具示意图

工艺说明

　　首先将地脚螺栓相对位置用螺栓固定框固定，根据预埋地脚螺栓与混凝土基础轴线的相对位置，并考虑模具组装要求，确定模具钢板的平面尺寸。依据轴线刻痕在模具钢板上确定预埋螺栓的相对位置并钻孔，使模具钻孔位置与钢结构柱螺栓孔位置在规范允许误差范围内，能够保证预埋螺栓相对位置的准确性和一致性。孔径同预埋螺栓直径，钢板边缘至孔径边约4cm。模具钢板加工好后，可以在现场组装。校杆采用长度约2.0m的短脚手杆，立筋为ϕ18螺纹钢或ϕ20钢管，立筋高度应大于预留螺栓高度5～10cm，方便钢尺校对轴线。

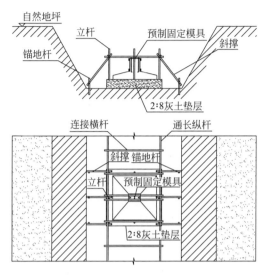

020402 螺栓预制固定模具定位支撑系统

螺栓预制固定模具定位支撑系统示意图

工艺说明

在基础承台垫层两侧设置立杆，间距依据模板支撑受力体系验算确定，形成排距1.5m左右的两排立杆（实际操作中排距应大于预制固定模具钢板长度）。立杆打入地基土，根据土质软硬程度，应控制在30～50cm深，高度比纵向水平杆高20cm。纵向水平杆的安装高度应经计算确认。经抄平后安装水平杆，两排水平杆必须保证水平。宜将基础两侧立杆和上部水平杆用斜拉杆连接，形成门字形架，两个斜拉杆与水平杆的节点间距离约1.5m。立杆和水平杆安装检测合格后，在斜拉杆与水平杆节点处向两侧架设斜支撑，宜选用打入地基土的施工方法，深度约30cm。应在水平杆上斜支撑附近安装横向拉杆，使两排支架连接为一体，并在基础上部由水平杆和横向拉杆组成井字架。

020403 螺栓预埋

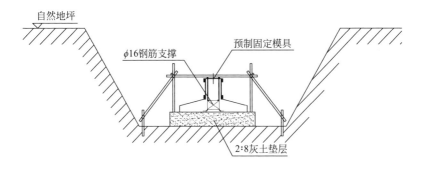

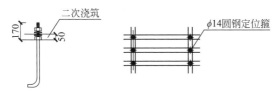

螺栓预埋示意图

工艺说明

在承台基础模板支设完成后，将相对位置固定好的地脚螺栓组放入基础中，将螺栓固定框与基础脚手架固定，用全站仪校正螺栓位置，用 $\phi14$ 钢筋与地脚螺栓焊成井字形定位箍支撑在模板上，螺栓底用 $\phi16$ 钢筋支撑，焊在承台基础底片钢筋上，确保地脚螺栓不偏移、不下沉。

在混凝土浇筑过程中，应在基础四周均匀对称下料，避免因下料不均匀混凝土流动造成螺栓位置偏移。随时检查螺栓位置和标高，发现螺栓位置偏移及标高变化应及时调整。

020404 筏板式钢结构基础

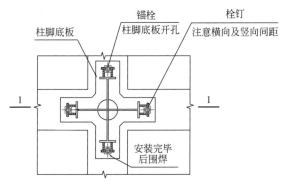

钢结构柱脚详图

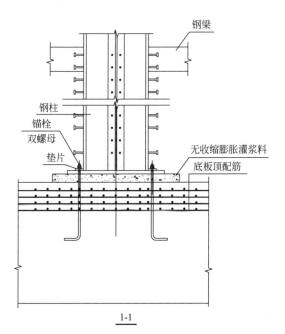

1-1

筏板式钢结构示意图

筏板式钢结构基础施工现场

工艺说明

　　本基础形式宜用于厚型筏板基础上起钢柱的情况。实施过程中应注意以下几点：（1）地脚螺栓绝对及相对位置必须准确。根据柱脚大小可采用钢板、角钢、模板制作定位磨具对地脚螺栓进行定位。地脚螺栓定位应牢固，浇筑混凝土过程中应避免地脚螺栓移位。（2）必须采用二次浇筑工艺，保证柱脚底板与混凝土面结合紧密。二次浇筑应采用有微膨胀性的混凝土或灌浆料。（3）二次浇筑宜采取下卧式，施工困难时也可采取上提式，即二次浇筑在筏板基础顶标高以上进行。（4）浇筑混凝土过程中须注意对地脚螺栓丝头的保护，避免丝头破坏。（5）地脚螺栓与柱脚底板固定应采用双螺母＋垫片形式。

第五节 ● 钢管混凝土结构基础

020501 方（矩形）钢管混凝土柱节点

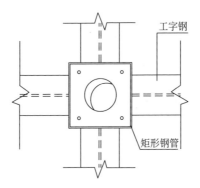

工字钢

矩形钢管

内隔板节点示意图

钢管混凝土柱施工现场

工艺说明

　　钢管混凝土的基本原理是依靠内填混凝土的支撑作用，使得钢管的稳定性增强，同时核心混凝土受到钢管的"约束"作用或称之为"套箍"作用，使核心混凝土处于三向受压应力状态，延缓混凝土内部纵向微裂缝产生和发展的时间，从而使得核心混凝土具有更强的抗压强度和抵抗变形能力。

020502 筏板式钢管混凝土结构基础

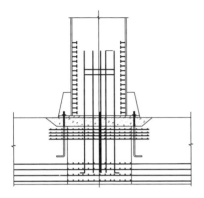

地脚螺栓固定方式示意图

地脚螺栓固定方式施工现场

工艺说明

　　本基础形式宜用于厚型筏板基础上起钢管混凝土柱的情况。实施过程中应注意以下几点：(1) 地脚螺栓绝对及相对位置必须准确。根据柱脚大小可采用钢板、角钢、模板制作定位磨具对地脚螺栓进行定位。地脚螺栓定位应牢固，浇筑混凝土过程中应避免地脚螺栓移位。(2) 必须采用二次浇筑工艺，保证柱脚底板与混凝土面结合紧密。二次浇筑应采用有微膨胀性的混凝土或灌浆料。(3) 二次浇筑宜采取下卧式，施工困难时也可采取上提式，即二次浇筑在筏板基础顶标高以上进行。(4) 浇筑混凝土过程中需注意对地脚螺栓丝头的保护，避免丝头破坏。(5) 地脚螺栓与柱脚底板固定应采用双螺母＋垫片形式。

020503 端承式钢管混凝土柱脚

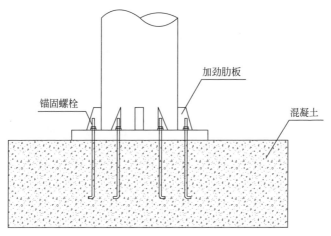

加劲肋板

锚固螺栓

混凝土

端承式钢管混凝土柱脚示意图

工艺说明

端承式钢管混凝土柱脚的构造、预埋锚固筋的设置、加劲肋板与锚固螺栓的规格、型号和数量应符合设计要求。端承式钢管混凝土柱脚固定应牢固、可靠，柱脚锚栓应满足抗剪、抗拔要求，加劲肋板的焊接、锚固螺栓的紧固及端板下灌浆材料与浇筑应符合设计要求。

020504 钢管混凝土柱脚浇筑施工顺序

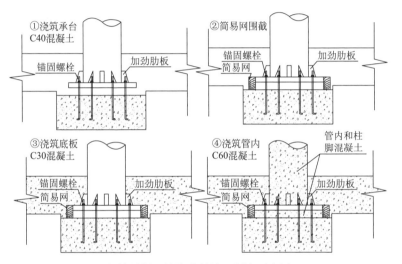

① 浇筑承台 C40混凝土
锚固螺栓
加劲肋板

② 简易网围截
锚固螺栓
简易网
加劲肋板

③ 浇筑底板 C30混凝土
锚固螺栓
简易网
加劲肋板

④ 浇筑管内 C60混凝土
管内和柱脚混凝土
锚固螺栓
简易网
加劲肋板

钢管混凝土柱脚浇筑施工顺序示意图

工艺说明

（1）钢管柱脚螺栓安装完成后，浇筑承台下部混凝土，随后安装钢管柱及校正钢管柱。（2）在底板混凝土浇筑前，钢管柱脚周边应用简易网围截。（3）浇筑底板混凝土。（4）底板混凝土完成后，浇筑第一节钢管柱内混凝土，保证钢管柱脚部位混凝土强度满足设计要求。

第六节 ● 型钢混凝土结构基础

020601 型钢混凝土保护层

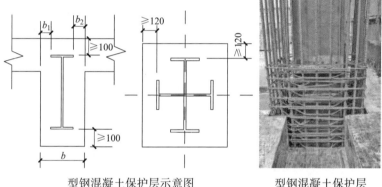

型钢混凝土保护层示意图　　　　型钢混凝土保护层
施工现场

工艺说明

　　型钢混凝土组合结构构件中纵向受力钢筋的混凝土保护层最小厚度应符合国家标准《混凝土结构设计标准》GB/T 50010—2010（2024 年版）的规定。型钢的混凝土保护层最小厚度，对梁不宜小于100mm，且梁内型钢翼缘离两侧距离之和（$b_1 + b_2$），不宜小于截面宽度的1/3；对柱不宜小于120mm。

020602 型钢混凝土框架柱

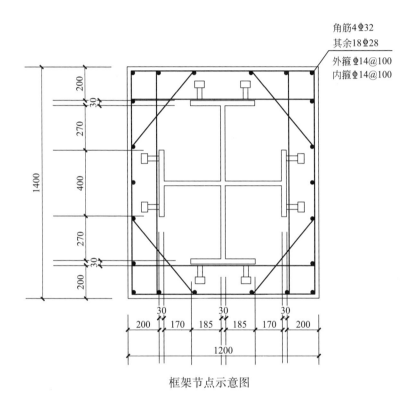

角筋4Φ32
其余18Φ28

外箍 Φ14@100
内箍 Φ14@100

框架节点示意图

型钢混凝土框架柱施工现场

工艺说明

　　型钢混凝土构件的型钢材料宜采用牌号 Q235-B、C、D 级碳素钢，以及 Q345-B、C、D、E 级的低合金高强度结构钢，其质量标准应分别符合国家标准《碳素结构钢》GB/T 700—2006 和《低合金高强度结构钢》GB/T 1591—2018 的规定。型钢混凝土强度等级不应小于 C30。型钢混凝土组合结构构件是由型钢、主筋、箍筋及混凝土结构组合而成，即核心部分有型钢结构构件，其外部则为以箍筋约束并配置适当纵向受力主筋的混凝土结构。型钢混凝土组合结构是在型钢混凝土内配置型钢提高结构的抗剪能力，从而减小梁柱截面尺寸。

020603 型钢混凝土承台地脚螺栓

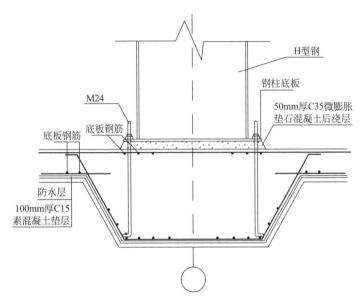

型钢混凝土承台地脚螺栓示意图

型钢混凝土承台地脚螺栓施工现场（一）

型钢混凝土承台地脚螺栓施工现场（二）

工艺说明

　　钢结构地脚螺栓预埋时增加一块辅助钢垫板，该钢垫板的截面尺寸及螺栓孔位与第一节柱的柱脚在规范允许误差范围内。安装地脚螺栓需专人在纵横两个方向用经纬仪和水准仪控制预埋件轴线及标高，并在四个方向加固；安放调节螺母，利用水准仪调节螺杆的高度，保证埋件标高，校正并加固牢固。预埋验收合格后，在螺栓丝头部位涂黄油并包上油纸保护。在浇筑混凝土前再次复核，确认其位置及标高准确、固定牢固后方可进行浇灌工序。浇筑混凝土时，拉通线控制以避免预埋件发生位移。

020604 型钢混凝土梁柱节点连接

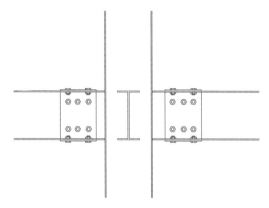

梁柱刚性连接及连接节点示意图

梁柱刚性连接及连接节点施工现场

工艺说明

梁内型钢与柱内型钢在节点内应采用刚性连接。节点处柱的型钢芯柱对应于梁型钢上下翼缘位置或钢筋混凝土梁截面上、下边缘位置处设置水平加劲肋,厚度应与梁端型钢翼缘相等,且不小于12mm。

梁柱翼缘通过连接板或直接用全焊透的坡口焊缝与柱连接,腹板通过连接板用高强度螺栓与柱连接。一般可以考虑梁端的弯矩由翼缘连接承受,梁端剪力由腹板连接承受,或考虑由翼缘和腹板连接共同承受梁端弯矩。

第七节 • 钢筋混凝土预制桩基础

020701 锤击沉桩法

上部结构
承台
软土层
桩
硬土层

锤击沉桩法施工现场及示意图

施工顺序

　　确认桩位和沉桩顺序→桩机就位→吊装喂桩→校正→锤击沉桩→接桩→再锤击沉桩→送桩→收锤→切割桩头。

工艺说明

　　具体的桩径、桩型、桩长等根据设计要求确定。可用于多种土层，沉桩效率高，速度快，但存在振动和噪声大。打桩宜采用"重锤低击，低锤重打"。接桩个数不宜超过3个，避免桩尖落在厚黏性土层中接桩，接桩方式主要有焊接法、法兰螺栓连接法和硫黄胶泥锚接法。施工时，注意观察打桩入土的速度、打桩架的垂直度、桩锤回弹情况、贯入度变化情况，发现异常，应立即请有关单位和人员进行处理。

020702 静力压桩法

静力压桩法施工现场

施工顺序

测量桩位→桩机就位→吊桩、插桩→桩身对中调直→静压沉桩→接桩→再静压沉桩→送桩→终止压桩→检查验收→转移桩机。

工艺说明

具体的桩径、桩型、桩长等根据设计要求确定。适用于软土、填土、一般黏性土等土层。控制施压速度不超过2m/min。接桩一般在距离地面1m左右进行。压桩过程中应检查压力、桩垂直度、接桩间歇时间、桩的连接质量及压入深度。

020703 预制桩施工顺序

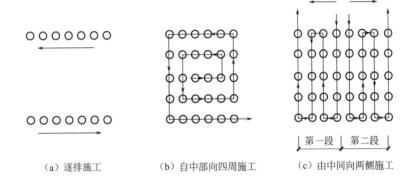

（a）逐排施工　　　（b）自中部向四周施工　　　（c）由中间向两侧施工

预制桩施工顺序示意图

工艺说明

　　预制桩施工前应根据桩的密集程度、规格、长短、桩的设计标高、工作面布置、工期要求等综合考虑，合理确定桩基施工顺序。沉桩顺序：（1）当基坑面积较大，桩数较多时，可将基桩分为数段，在各段范围内分别施打；（2）对于多桩台，从中间开始分头向四周或两边对称施打；（3）当一侧毗邻建筑物时，由毗邻建筑物处向另一侧施打；（4）对于基础标高不一的桩，宜先深后浅，对于不同规格的桩，宜先大后小、先长后短，可使土层挤密均匀，防止位移或偏位。

020704 接桩

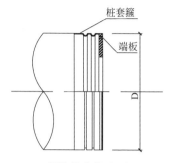

焊接接头构造图

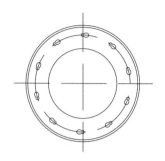

焊接接头端板图

接桩施工现场

工艺说明

　　单节桩长不超过15m，若设计桩长大于单节桩长，则需要接桩。当桩长度不够时，采用焊接接板，钢板宜采用Q235钢，使用E43焊条。预埋铁件的表面必须清理干净，并应将桩上下节之间的间隙用薄钢板垫实焊牢，焊接时，先将四角点焊固定，然后对称焊接，焊缝应连续饱满，并应采取减少焊缝变形的措施。接桩时，一般在距地面1m左右时进行，上下节拉的中心线偏差不得大于10mm，节点弯曲矢高不得大于0.1%桩长。接桩处应补刷防腐漆。

020705 PHC桩桩顶与承台的连接

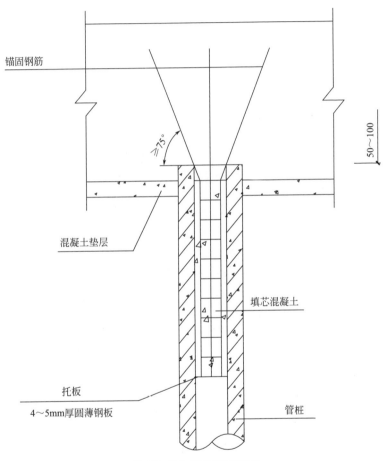

锚固钢筋

≥75°

50～100

混凝土垫层

填芯混凝土

托板

4～5mm厚圆薄钢板

管桩

桩顶与承台的连接示意图

桩顶与承台的连接施工现场

工艺说明

截桩桩顶与承台连接，桩顶内设置托板及放入钢筋骨架，桩顶填芯混凝土采用与承台或基础梁相同的混凝土等级。浇筑填芯混凝土前，应先将管桩内壁浮浆清理干净，采用内壁涂刷水泥净浆、混凝土界面剂或采用微膨胀混凝土等措施，以提高填芯混凝土与管桩桩身混凝土的整体性。锚固长度 l_a 按现行规范取值，有抗震要求时取 l_{aE}。

020706 钢筋混凝土预制桩桩型

钢筋混凝土预制桩桩型

工艺说明

钢筋混凝土预制桩主要有混凝土实心方桩和混凝土管桩两种。钢筋混凝土实心方桩，断面一般呈方形，实心方桩截面尺寸一般为 200mm×200mm～600mm×600mm，工厂预制桩，桩长一般不超过12m；混凝土管桩一般在预制厂用离心法生产。桩径有 $\phi300$、$\phi400$、$\phi500$ 等，每节长度8m、10m、12m不等，接桩时，接头数量不宜超过4个。

020707 低应变桩身动测法

低应变桩身动测法施工现场

工艺说明

　　低应变桩身动测法是使用小锤敲击桩顶，通过粘结在桩顶的传感器接收来自桩中的应力波信号，采用应力波理论来研究桩土体系的动态响应，反演分析实测速度信号、频率信号，从而获得桩的完整性。该方法检测简便，且检测速度较快，但如何获取好的波形，如何较好地分析桩身完整性是检测工作的关键。

　　测试过程是获取好信号的关键，测试中应注意：（1）测试点的选择。测试点数依桩径不同、测试信号情况不同而有所不同，一般要求桩径在120cm以上，测试3～4点。（2）锤击点的选择。锤击点宜选择距传感器20～30cm处，不必考虑桩径大小。（3）传感器安装。传感器根据所选测试点位置安装，注意选择好粘贴方式，在保证桩头干燥，没积水的情况下，一般用石蜡、黄油、橡皮泥。（4）尽量多采集信号。一根桩不少于10锤，在不同点，不同激振情况下，观测波形的一致性，以保证波形真实且不漏测。

020708 单桩静载试验

单桩静载试验施工现场

工艺说明

　　预制桩按照规范要求需要做单桩静载试验。其中，检测时间为：沙土大于10d，黏土大于15d，淤泥土大于25d。试桩数量不宜少于总桩数的1%，且不应少于3根。采用油压千斤顶进行加载，千斤顶的加载反力装置采用压重平台反力系统，由主梁、次梁及预先堆置好的配重承台组成。通过手泵或高压油泵向千斤顶供油加载，由并联于千斤顶上的标准压力表测定油压，根据千斤顶率定曲线换算荷载。桩的沉降采用2只量程为50mm的百分表测定，百分表通过磁性表座固定在2根基准梁上。采用慢速维持荷载法逐级加载，每级荷载作用下沉降达到稳定标准后加下一级荷载，直到荷载最大值，然后分级卸载到零。试验分为十级进行加载，每级加载为荷载最大值的1/10，第一级可按2倍分级荷载加载。

第八节 · 泥浆护壁成孔灌注桩基础

020801 泥浆护壁成孔灌注桩

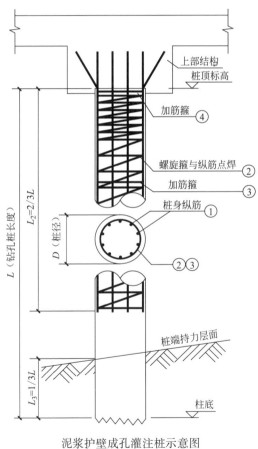

泥浆护壁成孔灌注桩示意图

泥浆护壁成孔灌注桩施工现场

施工顺序

场地平整→桩位放线，配置泥浆→护筒埋设→钻机就位，孔位校正→钻孔施工，泥浆循环→终孔验收→下钢筋笼和钢导管→灌注水下混凝土→成桩养护。

工艺说明

具体的桩径、桩型、桩长等根据设计要求确定。泥浆护壁成孔是利用泥浆保护稳定孔壁的机械钻孔方法。它通过循环泥浆将切削碎的泥石渣屑悬浮后排出孔外，适用于有地下水和无地下水的土层。成孔机械有潜水钻机、冲击钻机、冲抓锥等。护筒（圈）内径应比钻头直径大 200mm。

020802 埋设护筒

埋设护筒施工现场

工艺说明

护筒采用厚度大于等于6mm钢板卷制,护筒内径宜比桩径大20～40mm,长度宜为2.5m且埋入老土中。钢护筒底部及四周用黏土填筑,并分层夯实;顶面高出地面不小于0.3m,中心竖直线与桩中心线重合,采用实测定位法进行控制。

020803 旋挖钻成孔

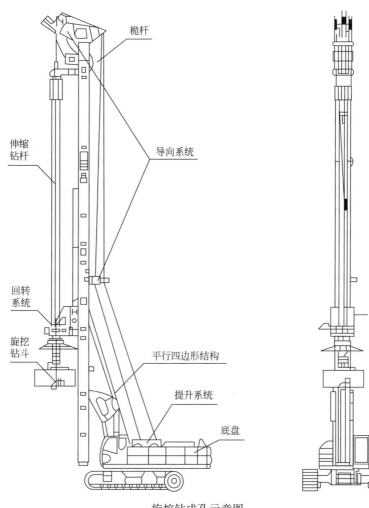

旋挖钻成孔示意图

- 桅杆
- 导向系统
- 伸缩钻杆
- 回转系统
- 旋挖钻斗
- 平行四边形结构
- 提升系统
- 底盘

旋挖钻成孔施工现场

施工顺序

　　场地平整→桩位放样→钻机就位→埋设钢护筒→钻孔→成孔检测。

工艺说明

　　适用于填土层、黏土层、粉土层、淤泥层、砂土层及含部分卵石、砾石地层，特别适用于粉质黏土、黏质粉土等黏性土层钻进。钻进过程中要经常注意土层变化，每进尺 2m 或在土层变化处应察看钻渣，判断土层地质情况，记入钻孔记录表，并与地质柱状图核对，同时根据钻进难易程度选择适合的钻头型号或更换斗齿。旋挖钻具主要有三大类：旋挖钻斗、短螺旋钻头、岩石筒钻。

020804 潜水钻成孔

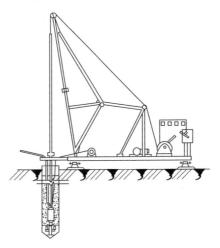

潜水钻成孔示意图

施工顺序

　　平整场地→桩位放样→组装设备→安放钢护筒→钻孔机就位→钻至设计深度停止钻进。

工艺说明

　　潜水钻设备简单，施工转移方便，适合狭小场地的施工。整机潜入水中钻进时无噪声且因采用钢丝绳悬吊钻进，整机无振动。潜水钻钻头对准中心即可钻进，对底盘的倾斜度无特殊要求，安装调整方便。

020805 冲击钻成孔

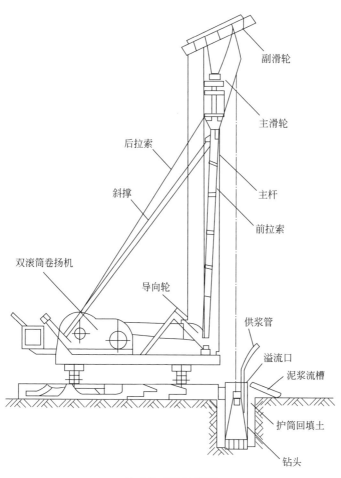

副滑轮

主滑轮

后拉索

斜撑

主杆

前拉索

双滚筒卷扬机

导向轮

供浆管

溢流口

泥浆流槽

护筒回填土

钻头

冲击钻成孔示意图

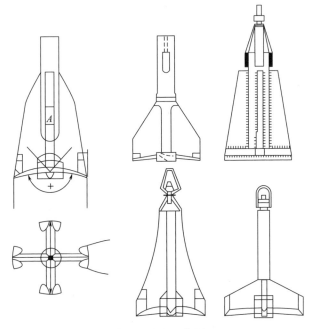

冲击钻钻头示意图

施工顺序

　　测量定位→埋设护筒→钻机就位→冲击成孔→清孔。

工艺说明

　　冲击钻能适应各种不同地质情况，特别是卵石层中钻孔，冲击钻较之其他形式钻机适应性强。同时，用冲击钻成孔，孔壁四周形成一层密实的土层，对稳定孔壁，提高桩基承载能力，均有一定作用。冲锤有各种形状，常用的为十字形的冲刃。开锤前，护筒内必须加入足够的黏土和水，然后边冲击边加黏土造浆，以保证黏土造浆护壁的可行性。在钻进过程中每1~2m要检查一次成孔的垂直度。如发现偏斜应立即停止钻进，采取措施进行纠正。对于变层处和易于发生偏斜的部位，应采用低锤轻击、间断冲击的办法穿过，以保持孔形良好。

020806 冲抓钻成孔

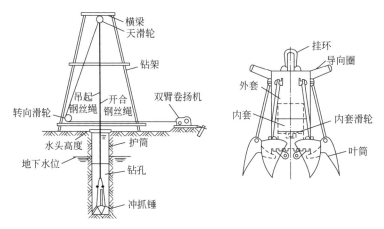

冲抓钻成孔示意图

施工顺序

场地平整→放定位轴线、桩、桩挖孔灰线→钻机就位、孔位校正→下护筒→冲抓造孔→入岩冲击成孔→检查桩孔中心、直径、深度垂直度、持力层→人工清理沉渣，排除孔底积水→下钢筋笼和溜槽（导管）→浇筑桩身混凝土→成桩养护。

工艺说明

冲抓钻是利用大吨位液压机械将全钢护筒旋转向下压入并切割土层，以钢护筒作为钻孔导向及护壁，用锤式抓斗对护筒内的土、石进行挖掘，并在挖掘的同时旋转护筒使之下沉，从而形成桩孔。钢护筒在灌注水下混凝土过程中与混凝土导管一道拔除。

挖掘时钢护筒要不停回转，在浇筑桩基混凝土并拔除钢护筒之前均不能停止。但在土体压力很小时无须连续回转。当遇沙层时需连续回转使沙层密实。

020807 钢筋笼的制作及吊装

钢筋笼的制作及吊装施工现场

工艺说明

钢筋笼在现场加工场地分段制作。下笼采用人工配合汽车式起重机分节吊装、焊接（或机械连接）接长笼体。下笼要对准孔位慢放、徐落，防止碰撞孔壁而引起塌孔。钢筋笼接长采用单面搭接焊，做到上下节焊接主筋同轴线。接头要相互错开，同一截面内接头数不应超过总钢筋数量的50%。下笼到位后牢固定位，防止混凝土灌注过程中浮笼。

020808 混凝土浇筑

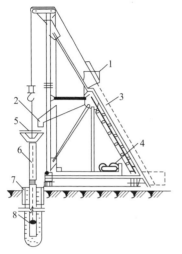

水下浇筑混凝土示意图　　　　混凝土浇筑施工现场

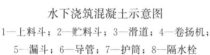

1—上料斗；2—贮料斗；3—滑道；4—卷扬机；
5—漏斗；6—导管；7—护筒；8—隔水栓

工艺说明

　　泥浆护壁成孔灌注桩的水下混凝土浇筑一般用导管法，混凝土等级不宜低于 C20，坍落度宜为 18～22cm。承料漏斗利用法兰盘安装于导管顶端，其容积应大于保证管内混凝土所必须保持的高度及开始浇筑时导管埋置深度所要求的混凝土体积。浇筑过程中，应经常保持井孔水头，防止坍孔，还应经常用测绳探测井孔内混凝土面的高程，保持导管出口埋入混凝土 2～6m，并及时提升和拆除导管，同时灌注过程中应不断上下拔动导管，以防卡管。为防止钢筋骨架上浮，混凝土面接近钢筋骨架钢筋加密部分时，宜使导管保持稍大的埋深，并放慢灌注速度，以减少混凝土的冲击力，同时为了确保桩身质量，桩顶混凝土一般超灌 500mm。

020809 灌注桩检测

静载试验施工现场

抗拔试验完整性检测施工现场

工艺说明

静载试验检测数量在同一条件下不应少于3根，且不宜少于总桩数的1%；对于承受拔力和水平力较大的建筑桩基，应进行单桩竖向抗拔、水平承载力检测。

020810 泥浆循环系统

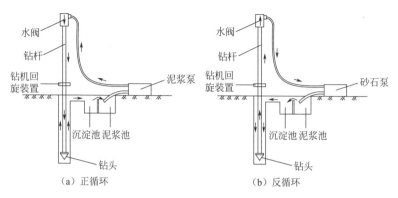

（a）正循环　　　　　　　　　　　　（b）反循环

泥浆循环系统示意图

> **工艺说明**
>
> 正循环成孔设备简单，操作方便，工艺成熟，当孔深不太深、孔径小于800cm时钻进效率高。当桩径较大时，钻杆与孔壁间的环形断面较大，泥浆循环时返流速度低，排渣能力弱。如使泥浆返流速度增大到0.20～0.35m/s，则泥浆泵的排量须很大，有时难以达到，此时不得不提高泥浆的相对密度和黏度。但如果泥浆相对密度过大，稠度大，难以排出钻渣，孔壁泥皮厚度大，影响成桩和清孔。
>
> 反循环成孔是泥浆从钻杆与孔壁间的环状间隙流入钻孔，来冷却钻头并携带沉渣由钻杆内腔返回地面的一种钻进工艺。由于钻杆内腔断面积比钻杆与孔壁间的环状断面面积小得多，因此，泥浆的上返速度大，一般可达2～3m/s，是正循环工艺泥浆上返速度的数十倍，因而可以提高排渣能力，保持孔内清洁，减少钻渣在孔底重复破碎的机会，能大大提高成孔效率。这种成孔工艺是目前大直径成孔施工的一种有效的先进的成孔工艺，因而应用较多。

第九节 • 干作业成孔桩基础

020901 定位测量放线

定位测量放线施工现场

工艺说明

　　施工桩位一般使用竹片或钢筋头进行施放，每个桩位应注明柱位编号，并加以保护，以便施工桩位定位。桩位较多时，必须每隔十个桩位施放一个校位基准桩位，此基准桩位采用木桩及钢钉施放，并在基准桩上标明桩位编号，施工时可用此基准桩对相邻桩位进行复核。

020902 干作业机械成孔

干作业机械成孔施工现场

施工顺序

场地清理→测量放线定桩位→桩机就位→钻孔取土成孔→清除孔底沉渣→成孔质量检查验收。

工艺说明

干作业机械成孔桩基础是利用钻孔机械直接钻探形成桩孔，在整个成孔的过程中无地下水出现，适用于地下水位以上的黏性土、粉土，填土，中等密实以上的砂土、风化岩等土层。具体的桩径、桩型、桩长等根据设计要求确定。钻孔过程中如发现钻杆摇晃或难钻进时，可能是遇到石块等异物，应立即停机检查；应随时清理孔口积土，遇到塌孔、缩孔等异常情况，应及时研究解决。

020903 扩孔

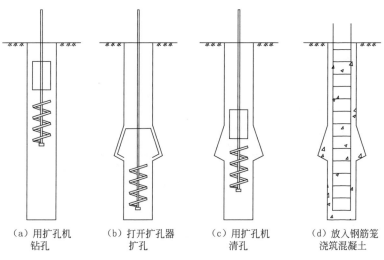

（a）用扩孔机钻孔 　（b）打开扩孔器扩孔 　（c）用扩孔机清孔 　（d）放入钢筋笼浇筑混凝土

扩孔作业示意图

工艺说明

在钻杆上换装扩孔刀片，扩底直径为桩身直径的 2.5～3.5 倍，在设计要求位置形成葫芦桩或扩底桩。孔底虚土厚度：摩擦力为主的桩不大于 300mm，端承力为主的桩不大于 100mm。

020904 干作业人工挖孔

干作业人工挖孔施工现场

施工顺序

场地整平→放线、定桩位→挖第一节桩孔土方→支模浇灌第一节混凝土护壁→在护壁上二次投测标高及桩位十字轴线→安装活动井盖、垂直运输架、起重捯链或卷扬机、活底吊土桶、排水、通风、照明设施等→挖第二节桩孔挖土→清理桩孔四壁，校核桩孔垂直度和直径→拆上节模板，支第二节模板，浇灌第二节混凝土护壁→重复第二节挖土，支模、浇灌混凝土护壁工序，循环作业直至设计深度→检查持力层后进行扩底→清理虚土，排除积水，检查尺寸和持力层→吊放钢筋笼就位→灌注桩身混凝土。

工艺说明

采用人工挖土成孔，灌注混凝土成桩。其特点是：单桩承载力高，可作支承、抗滑、锚桩、挡土等用。

应认真研究钻探资料，分析地质情况，对可能出现流沙、管涌、涌水以及有害气体等情况制定针对性的安全措施；施工时，施工人员必须戴安全帽，穿绝缘胶鞋，孔内有人时，孔上必须有人监督防护；孔周围要设置安全防护栏；每孔必须设置安全绳及应急软爬梯；孔下照明要用安全电压；设置鼓风机，以便向孔内强制输送清洁空气，排除有害气体等。

020905 人工挖孔桩钢筋混凝土护壁

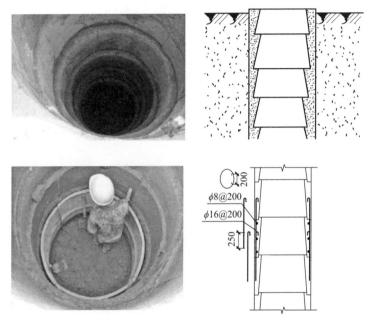

人工挖孔桩钢筋混凝土护壁示意图及施工现场

工艺说明

　　护壁施工采取一节组合式钢模板拼装而成,拆上节支下节,循环周转使用,模板用U形卡连接,上下设两半圆组成的钢圈顶紧,不另设支撑;混凝土用吊桶运输,人工浇筑,上部留100mm高作浇灌口,拆模后用砌砖或混凝土堵塞,混凝土强度达1MPa即可拆模。

020906 人工挖孔桩砖护壁

人工挖孔桩砖护壁施工现场

工艺说明

目前该种护壁方式较少使用。施工时分段开挖（每段 0.8～1m），分段砌筑至设计标高。为保证人工挖孔桩施工安全，要有预防孔壁坍塌和产生流沙、管涌等的措施。

020907 钢筋笼制作及安装

钢筋笼制作及安装施工现场

工艺说明

　　钢筋笼按设计图纸制作，纵向钢筋的接头采用对焊或双面搭接焊接，双面搭接焊焊缝长不小于 5d（d 为纵向钢筋直径），焊缝高度 8mm；桩纵向主筋的接头面积在同一截面内的数量不得超过总数的 50%，位置不在同侧接头应错开 35d 以上。横向钢筋采用螺旋箍筋和加劲箍筋，纵横钢箍交接处均应焊牢。

020908 浇捣混凝土

浇捣混凝土施工现场

工艺说明

　　混凝土采用导管灌注，导管内径为300mm，螺丝扣连接。导管使用前使用气泵进行水密承压试验。导管采用起重机配合人工安装，导管安放时，眼观，人工配合扶稳使位置居钢筋笼中心，然后稳步沉放，防止卡挂钢筋骨架和碰撞孔壁。每车混凝土灌注前检测混凝土出场、入模的坍落度和出场、入模温度，坍落度宜为180～220mm，温度应在5℃以上。灌注过程中，每车混凝土灌注完成或预计拔导管前量测孔内混凝土面位置，以便及时调整导管埋深。导管埋深一般控制在4～6m。

第十节 • 长螺旋钻孔压灌桩基础

021001 长螺旋钻孔

长螺旋钻孔施工现场

施工顺序

　　施工准备→施工设备安装及调试→试成柱→定位放线→钻机就位、成孔→制备桩料→压灌成桩→转移钻机→现场试验→质量检验。

工艺说明

　　长螺旋钻孔压灌桩是使用长螺旋钻机成孔，成孔后自空心钻杆向孔内泵压桩料（混凝土或 CFG 桩混合料），边压入桩料边提钻直至成桩的一种施工工艺。钻进过程中，当遇到卡钻、钻机摇晃、偏斜或发生异常声响时，应立即停钻，查明原因，采取相应措施后方可继续作业。

021002 压灌混凝土

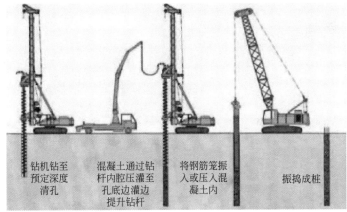

钻机钻至　混凝土通过钻　将钢筋笼振
预定深度　杆内腔压灌至　入或压入混　振捣成桩
清孔　孔底边灌边　凝土内
提升钻杆

压灌混凝土施工现场及示意图

工艺说明

当钻机钻孔达到要求深度后，停止钻进，同时启动混凝土输送泵向钻具内输送桩料，待桩料输送到钻具底端将钻具慢慢上提 0.1～0.3m，以观察混凝土输送泵压力有无变化，以判断钻头两侧阀门已经打开，输送桩料顺畅后，方可开始压灌成桩工作。压灌成桩时，边泵送桩料边提拔钻具。压灌成桩过程中提钻与输送桩料应自始至终密切配合，钻具底端出料口不得高于孔内桩料的液面。压灌成桩必须一次连续灌注完成。桩顶混凝土超灌高度不宜小于 0.5m。

021003 / 插钢筋笼

插钢筋笼施工现场

工艺说明

　　混凝土压灌结束后，应立即将钢筋笼插至设计深度。钢筋笼插设宜采用专用插筋器。按设计要求的规格、尺寸制作钢筋笼，刚度应满足振插钢筋笼的要求，钢筋笼底部应有加强构造，保证振动力有效传递至钢筋笼底部。在插入钢筋笼时，先依靠钢筋笼与导管的自重缓慢插入，当依靠自重不能继续插入时，开启振动装置，使钢筋笼下沉到设计深度，断开振动装置与钢筋笼的连接，缓慢连续振动拔出钢管。钢筋笼应连续下放，不宜停顿，下放时禁止采用直接脱钩的方法。

021004 长螺旋钻孔压灌桩基础

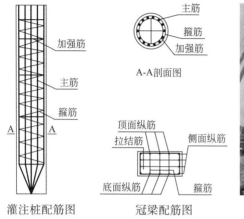

A-A剖面图

灌注桩配筋图　　　冠梁配筋图

长螺旋钻孔压灌桩
基础施工现场

施工顺序

桩位放样→钢筋笼制作并验收→钻机就位→钻机钻进→钻至设计深度→压灌混凝土→插入钢筋笼→清理钻具、土方。

工艺说明

具体桩径、桩长、嵌固深度、配筋等根据设计计算和施工图纸确定。悬臂式排桩，桩径宜大于或等于600mm，排桩中心距不宜大于桩直径的2.0倍。排桩顶部应设置钢筋混凝土冠梁连接，冠梁宽度（水平方向）不宜小于桩径，高度（竖直方向）不宜小于桩径的0.6倍。排桩与桩顶冠梁的混凝土强度等级宜大于C25；冠梁用作支撑或锚杆的传力构件或按空间结构设计时，尚应按受力构件进行截面设计。压灌桩的充盈系数宜为1.0~1.2，桩顶混凝土超灌高度一般为0.3~0.5m。

第十一节 ● 沉管灌注桩基础

021101 振动沉管灌注桩

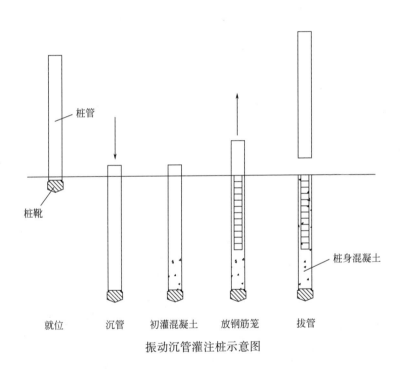

就位　　　沉管　　　初灌混凝土　　　放钢筋笼　　　拔管

振动沉管灌注桩示意图

振动沉管灌注桩施工现场

施工顺序

桩机就位→桩管下端活瓣桩尖合起来→振动沉管→灌注混凝土→边拔管、边振动、边继续灌注混凝土（中间插入吊放钢筋笼）→成桩。

工艺说明

包括 DZ60 或 DZ90 型振动锤、DJB25 型步履式拉架、卷扬机、加压装置、桩管、桩尖或钢筋混凝土预制桩靴等。桩管直径为 220～370mm，具体的桩径、桩型、桩长等根据设计要求确定。振动沉管灌注桩桩长不宜大于 18m。振动沉管灌注桩可采用单打法、反插法和复打法施工。

021102 锤击沉管灌注桩

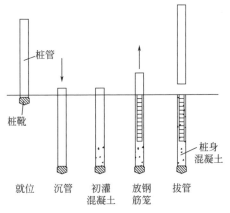

桩管

桩靴

桩身
混凝土

就位　沉管　初灌　放钢　拔管
　　　　　混凝土　筋笼

锤击沉管灌注桩示意图

锤击沉管灌注桩施工现场

施工顺序

立管→对准桩位套入桩靴、压入土中→检查→底锤轻击→检查有无偏移→正常施工至设计标高→第一次浇灌混凝土→边拔管、边锤击、边继续浇灌混凝土→安放钢筋笼、继续浇灌混凝土至桩顶设计标高。

工艺说明

锤击打桩机，如落锤、柴油锤、蒸汽锤等，由桩架、桩锤、桩管等组成，桩管直径为270~370mm，长8~15m。具体的桩径、桩型、桩长等根据设计要求确定。

锤击沉管灌注桩桩长不宜大于15m。成桩施工顺序一般从中间开始，向两侧边或四周进行，对于群桩基础应间隔施打。当水或泥浆有可能进入桩管时，应事先在管内灌入封底混凝土。应按设计要求和试桩情况，严格控制沉管最后贯入度。

021103 压入桩尖

混凝土预制桩靴

压入桩尖施工现场

工艺说明

采用预制混凝土桩尖时，应先在桩基中心预埋好桩尖，在套管下端与桩尖接触处垫好缓冲材料。桩机就位后，吊起套管，对准桩尖，使套管、桩尖、桩锤在一条垂直线上，桩管偏斜不大于0.5%。利用锤重及套管自重将桩尖压入土中。

021104 拔管

拔管施工现场

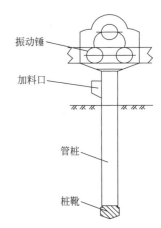

拔管施工示意图

工艺说明

　　振动沉管拔管方法可根据地基土具体情况，分别选用单打法、复打法或反插法进行。拔管过程要严格控制拔管速度，防止出现桩身缩颈、倾斜断裂或错位。

　　单打法（又称一次拔管法）：拔管时，每提升 0.5～1.0m，振动 5～10s，然后再拔管 0.5～1.0m，这样反复进行，直至全部拔出。复打法：在同一桩孔内连续进行 2 次单打，或根据需要进行局部复打。施工时，应保证前后 2 次沉管轴线重合，并在混凝土初凝之前进行。反插法：钢管每提升 0.5m，再下插 0.3m，这样反复进行，直至拔出。

第十二节 ● 钢桩基础

021201 钢管桩

钢管桩施工现场

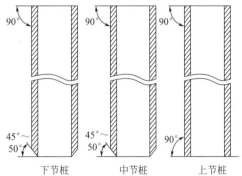

钢管桩施工示意图

施工顺序

桩机安装→桩机移动就位→吊桩→插桩→锤击下沉，接桩→锤击至设计深度→内切钢管桩→切割、戴帽。

工艺说明

具体的桩径、桩型、桩长等根据设计要求确定。钢管桩由一根上节桩，一根下节桩和若干根中节桩组合而成，每节桩长度一般为13m或15m，钢管的下口有开口和闭口之分。钢管桩数量较小的基础和条形基础：先长桩后短桩，先实心桩后空心桩，先小直径桩后大直径桩。对桩数多、桩距密的群桩基础除遵照上述原则外，尚需注意：先打中间桩，逐渐向外围扩展。

021202 / H型钢钢桩

H型钢钢桩施工现场

施工顺序

清理场地→H型钢钢桩堆放→插桩→接桩→送桩。

工艺说明

具体的桩径、桩型、桩长等根据设计要求确定。H型钢桩：穿透力强，挤土量小；断面刚度小，不宜过长。用于建筑物桩基，基坑支护，组合桩等。H型钢在沉入设计标高时，其顶部需加盖桩盖。

021203 钢管桩接桩

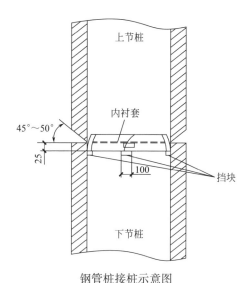

上节桩

内衬套

$45°\sim50°$

25

100

挡块

下节桩

钢管桩接桩示意图

工艺说明

　　焊接前，检查和修整下节桩桩顶因锤击而产生变形的部位，清除桩端泥沙或油污，磨光对口部分。再将内衬箍置于挡块上（挡块已在出厂时焊在下节桩上），紧贴桩管内壁分段焊接，然后吊上节桩，使上下节桩对口间隙为2～4mm，校正垂直度，钢管桩在电焊前须在接头下端管外围安装铜夹箍以防止熔化的金属流淌，在进行电焊时，焊接分层对称进行。

021204 | H型钢接桩

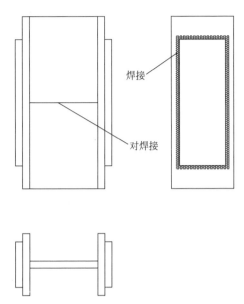

H型钢接桩示意图

工艺说明

　　桩顶距地面 0.5～1m 时接桩，接桩采用法兰或焊接等方法。钢桩的焊接应符合如下要求：钢桩端部的浮锈、油污等脏物必须清除，保持干燥，下节桩桩顶经锤击后变形部分应割除；接桩时，其入土部分钢桩的接头宜高出地面 0.5～1m；下节桩的桩头处宜设导向箍，以便于上节桩就位，接桩时上下节桩段应保持对直，错位偏差不宜大于 2mm，对口的间隙宜为 2～3mm；焊接时宜先在坡口圆周上对称点焊 4～6 个点，待上下节桩固定后拆除导向箍再分层施焊，施焊宜对称进行；焊接接头应在自然冷却后才可继续沉桩，严禁用水冷却或焊好后立即沉桩。

021205 钢管桩基础

钢管桩施工现场

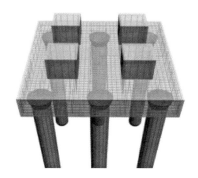

钢管桩基础示意图

施工顺序

　　桩基安装→桩基移动就位→吊装→插桩→锤击下沉→接桩→锤击至设计深度→切割桩头修坡口→焊桩帽。

工艺说明

　　初始锤击作业时应缓慢间断试打；打桩时应采用2台经纬仪在打桩机的正面和侧面进行观测，校正桩机导向杆及桩的垂直度，桩锤、桩帽应与桩在同一纵轴线上。锤击过程中发现桩位不正或倾斜，应调整或拔出钢管桩重新插入锤击。

021206 钢管桩起吊就位

钢管桩起吊就位施工现场

工艺说明

钢桩起吊前，需对每节桩进行详尽的外观检查，尤其要注意钢管桩截面的圆度。一头起吊后，要避免另一头在地面被拖拉，损伤端部不利焊接。不符合要求的钢桩，要进行修整后方可起吊打入。打桩机移至桩位，吊桩对准桩位插正。在桩机的正前方和侧方呈直角方向用 2 台经纬仪观测桩的垂直度，使桩锤、桩帽及桩成一直线，记录员和桩锤操作员就位后，可开始打桩。

021207 钢管桩打桩

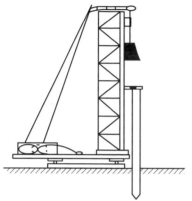

钢管桩打桩示意图

钢管桩打桩施工现场

工艺说明

　　由于桩、桩帽及桩锤自重较大，沉第一节（下节桩）一般情况下不需要锤击（或仅少量锤击），这一沉桩过程应缓慢进行，待稳定后再进行锤击，最初阶段宜使柴油锤处于不燃烧油料的空击状态（自由落锤），并随时跟踪观测沉桩质量情况，发现问题，立即纠正。待确认下节桩的沉入质量良好后转入正常的连续锤击，直至将钢桩击至其顶端高出地面60～80cm 时停止锤击，准备接桩。

021208 钢桩的焊接

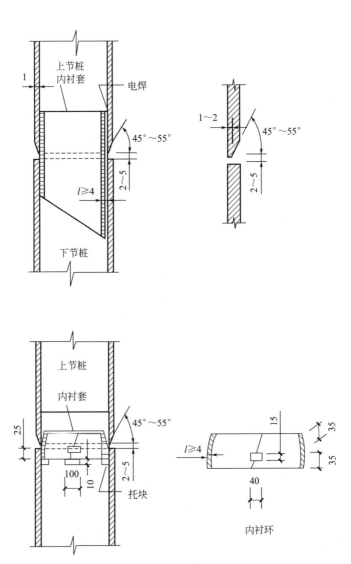

钢桩焊接示意图

钢桩焊接施工现场

工艺说明

　　焊接前，检查和修整下节桩桩顶因锤击而产生变形的部位，清除桩端泥沙或油污，磨光对口部分。再将内衬箍置于挡块上（挡块已在出厂时焊在下节桩上），紧贴桩管内壁分段点焊，然后吊上节桩，使上下节桩对口间隙为2～4mm，用经纬仪校正垂直度，钢管桩在电焊前需在接头下端钢管外围安装铜夹箍以防止熔化的金属流淌，再进行点焊。焊接应分层对称进行。(1)充分熔化内衬箍，保证根部焊透。(2)每层焊缝的接头应错开。(3)焊完每层焊缝后，及时清除焊渣。(4)如遇大风，要安装挡风板；雨雪天气不得施焊，气温低于0℃，焊件要预热。(5)焊接完成后，至少要自然冷却2～5min，方可继续锤击，但不允许在焊接结束后点以冷水，使焊缝骤然冷却。

第十三节 • 锚杆静压桩基础

021301 锚杆静压桩

锚杆静压桩施工现场

施工顺序

清理基础顶面覆土→凿压桩孔和锚杆孔→埋设锚杆螺栓→安装反力架→吊桩段就位、进行压桩施工→接桩→压到设计深度和要求的压桩力→封桩、将桩与基础连接→拆除压板设备。

工艺说明

锚杆静压桩，系利用建（构）筑物的自重，先在旧基础上开凿（或新基础上预留）出压桩孔和锚杆孔，然后埋设锚杆，借锚杆反力，通过反力架，用液压压桩机将钢筋混凝土预制短桩逐段压入基础中开凿或预留的桩孔内，再将桩与基础连接在一起，卸去液压压桩机后，该桩便能立即承受上部荷载，从而达到地基加固的目的。每沉完一节桩，吊装上一段桩，桩间用硫黄胶泥连接。接桩前应检查插筋长度和插筋孔深度，接桩时应围好套箍，填塞缝隙，倒入硫黄胶泥，再将上节桩慢慢放下，接缝处要求浆液饱满，待硫黄胶泥冷却变硬后才可开始压桩。

021302 锚杆静压桩压桩

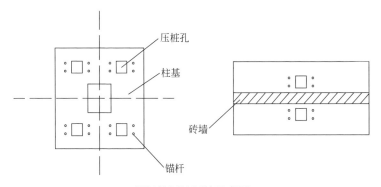

锚杆静压桩压桩示意图

锚杆静压桩压桩施工现场

工艺说明

开凿压桩孔可采用风镐或钻机成孔，压桩孔凿成上小下大截头锥形体，以利于基础承受冲剪；凿锚杆孔可采用风钻或钻机成孔，孔径为 $\phi 42$，深度为 $10\sim12$ 倍锚杆直径，并清理干净，使其干燥。

第十四节 • 岩石锚杆基础

021401 岩体钻孔

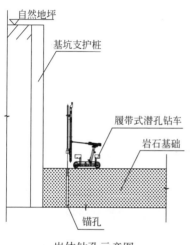

岩体钻孔示意图

自然地坪
基坑支护桩
履带式潜孔钻车
岩石基础
锚孔

岩体钻孔施工现场

工艺说明

    岩体抗浮锚杆常用履带式潜孔钻车，以空压机产生压缩空气为动力，带动前端锤头产生冲击力，将岩石击成石粉，高压空气将石粉吹出孔外。由于岩层层理、片理、松散和破碎、裂隙、风化程度不同等情况，钻孔时应注意空压机的风压调节，使石粉和地下水随着空压机的送风被吹出孔外，保持孔内清洁。成孔过程中应随时检查钻孔返渣情况，观察返出的石渣是否与地质报告相符，如果不符则应及时向业主和设计单位报告，对设计进行修正。

021402 清孔排水

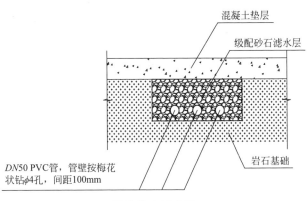

混凝土垫层

级配砂石滤水层

岩石基础

*DN*50 PVC管，管壁按梅花
状钻*ϕ*4孔，间距100mm

清孔排水示意图

工艺说明

　　（1）钻至设计深度后，钻头要上下空钻1～2次进行清孔，以吹净孔底石渣和孔壁上粘结的石粉。清孔完成后，应对孔口进行覆盖，防止杂物落入孔中。（2）对于地下水丰富、地下水位高的岩石基础，锚杆孔洞钻好后，很快会被地下水灌满，为保证杆体砂浆灌注质量，在砂浆灌注前需将孔内的水抽干。抗浮锚杆的体形一般都比较小，锚孔直径小，可用大功率自吸式水泵伸入孔内，将水抽走。（3）对于地下水位高的深基坑，在基坑内设置集水坑，通过在基槽岩石内设置排水盲沟，将岩层间的流动地下水汇集到集水坑内，再利用高压水泵抽走。

021403 锚杆定位器

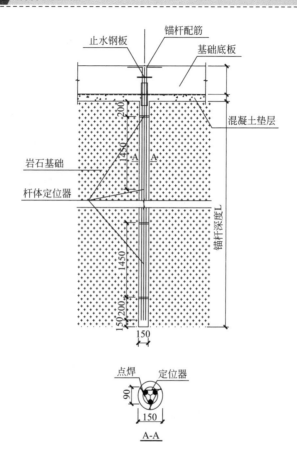

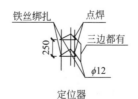

锚杆定位器示意图

孔内定位

锚杆上部定位

锚杆定位器施工现场

工艺说明

　　锚杆应按设计规定的类型和要求加工。材料必须符合设计要求，并应有合格证及检测报告，安装前认真清除表面油污、锈蚀等。钢筋上端头应按设计规定的长度、角度和形状弯曲。锚杆应按设计要求，设置定位器。为控制锚杆锚入结构底板的有效长度，应设置锚杆上端定位器，卡住洞口。加工好的杆体应做好标记以免混用。

021404 抗浮锚杆安装

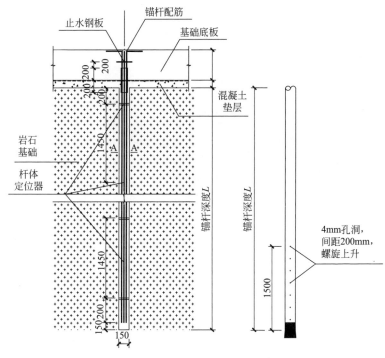

抗浮锚杆示意图

图中标注：锚杆配筋、止水钢板、基础底板、混凝土垫层、岩石基础、杆体定位器、锚杆深度L、4mm孔洞，间距200mm，螺旋上升、200 200 200 200 200、1450、1450、150 200、150、1500

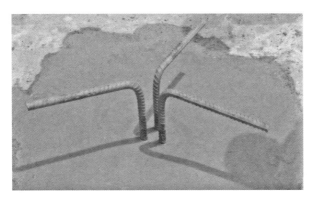

抗浮锚杆安装施工现场

施工顺序

    锚杆基本试验→成孔、清孔→锚筋加工制作→一次注浆→下放锚筋→二次注浆→养护→检测→进行施工。

工艺说明

    一次灌浆宜在浆液中掺入适量的减水剂、早强剂和膨胀剂。根据施工图纸将所有锚杆进行统一编号，不同区域内的锚杆分区放置，防止将不同长度的锚杆安装错乱。二次高压注浆管应第一次灌注水泥砂浆时下入孔内。

021405 锚杆防水处理

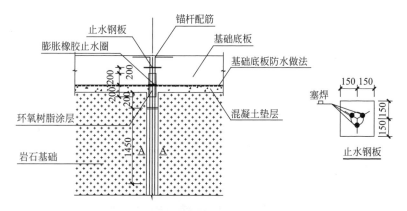

锚杆防水处理示意图

锚杆防水处理施工现场

工艺说明

　　锚杆制作时在锚杆顶部位于基础底板板厚中部位置设置止水钢板。岩石基础锚杆施工完成后，进行清理基槽垫层工作，浇筑混凝土垫层前，用环氧树脂涂料将锚杆与垫层上下200mm 范围内全部涂刷环氧树脂涂料，随后进行基础混凝土垫层浇筑，再进行防水卷材施工。防水卷材施工时，在锚杆孔口部先涂刷水泥基渗透结晶式防水涂料，直径350mm，再用卷材铺贴，同时钢筋上涂刷环氧树脂涂料，钢筋锚杆安装缓膨胀型橡胶止水圈。

021406 锚杆抗拔试验

锚杆抗拔试验施工现场

工艺说明

　　锚杆试验主要由加荷系统和测试系统组成。加荷系统采用油压空心千斤顶，千斤顶的中轴线通过锚杆中心。监测荷载量值的伺服装置采用千斤顶及油泵上的 0.4MPa 级精密压力表，位移（变形）采用百分表量测。

　　锚杆验收试验数量不得少于总锚杆根数的 5%，且不得少于 3 根。对有特殊要求的工程，可按设计要求增加验收试验的检测数量。

第十五节 • 沉井与沉箱基础

021501 防护桩

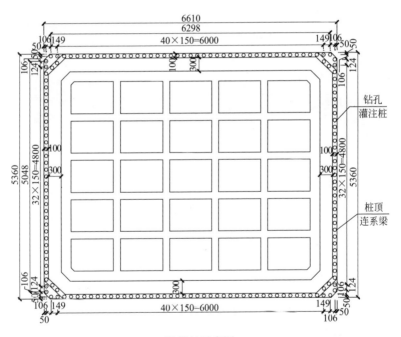

防护桩示意图

防护桩施工现场

工艺说明

　　如沉井施工对周围建筑物有安全隐患，可根据安全评估报告或专项方案在沉井周围增设防护桩，防护桩的长度、桩径、间距等参数根据专业设计计算确定。防护桩应在沉井施工（粗砂换填）之前施工完毕，防护桩的净间距不宜过大，宜控制在1m以内。施工过程中，桩基宜间隔施工。

021502 沉井钢壳拼装

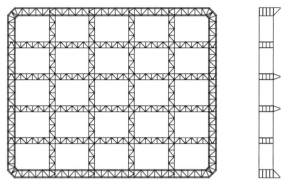

沉井钢壳示意图

沉井钢壳拼装施工现场

工艺说明

  沉井钢壳基础拼装应从一角向其他三个角拼装或从中心向四周拼装，拼装时应严格控制垫块标高，钢壳具体分块数量、尺寸、垫块标高等根据专业设计计算确定。施工时，应尽量使沉井各刃脚及隔墙受力均匀，保证垫块水平，避免下沉过程中沉井钢壳开裂，同时避免沉井倾斜。

021503 井壁混凝土接高

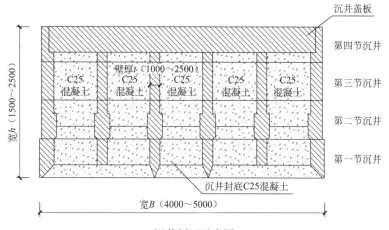

沉井剖面示意图

井壁混凝土接高施工现场

工艺说明

　　沉井分层数量、每层高度、每层浇筑混凝土方量等参数根据专业设计计算确定。沉井混凝土浇筑时，应严格控制中心对称，尽量使对称的沉井井壁在同一时间浇筑的混凝土方量相当，以保证沉井平稳，不致倾斜，并保证沉井不致开裂。

021504 沉井抽垫

沉井抽垫施工现场

◆◆◆ 工艺说明

　　垫块形式（枕木或混凝土）、尺寸、强度、布置应根据专业设计计算确定。抽垫为沉井施工重要施工工序，应以对称抽垫为原则，设计抽垫顺序，施工时，中心对称位置上的垫块同时抽除。垫块抽除前，刃脚及隔墙下的粗砂应夯实紧密。

021505 沉井下沉

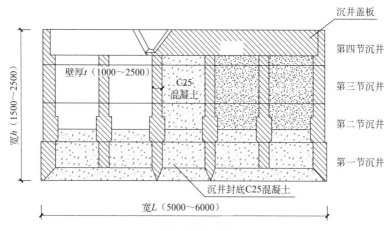

壁厚t（1000~2500）

C25混凝土

宽h（1500~2500）

沉井盖板

第四节沉井

第三节沉井

第二节沉井

第一节沉井

沉井封底C25混凝土

宽L（5000~6000）

沉井剖面示意图

沉井下沉施工现场

工艺说明

沉井下沉时接高高度（沉井重量）、沉井下沉次数等根据计算确定，沉井终沉底标高应根据专业设计计算确定。沉井下沉主要靠取土（或稀泥）下沉，取土应保证对称取土，防止沉井发生不均匀沉降而倾斜，下沉过程中宜实时测量沉井各监控点下沉量，多沉少挖，少沉多挖。宜采用挖掘机＋龙门式起重机＋履带式起重机机械组合施工。施工时，沉井下沉底标高不应直接下沉到设计标高，应根据设计预留一定下沉量。

第十六节 • DX 多节挤扩灌注桩基础

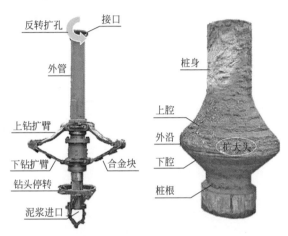

挤扩装置与桩体构造图

工艺说明

　　DX 多节挤扩灌注桩是由桩身、承力盘（或岔）、桩根组成。它的承载力是由承力盘（或岔）形成的端阻和多端侧摩阻共同作用。可以视土层分布特性，将多个承力盘设置在不同深度的承载力较高的土层中。由于多级挤扩形成承力盘多层承载，获得较高的盘端阻力，比同径桩基础的承载力有显著提高。

　　DX 多节挤扩灌注桩承力盘（岔）可设置在可塑～硬塑黏性土或稍密～密实状态（$N<40$）的粉土和砂土中，可设置在密实状态（$N\geqslant40$）的粉土和砂土或中密～密实状态卵砾石层的上层面上，底承力盘可设置在强风化岩或残积土层的上层面上，对于黏性土、粉土和砂土交互土层更为适合。

021602 DX多节挤扩灌注桩成桩

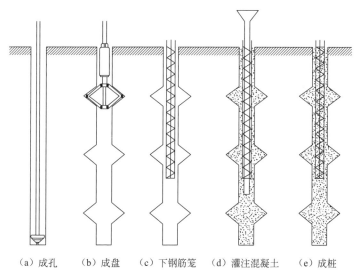

（a）成孔　（b）成盘　（c）下钢筋笼　（d）灌注混凝土　（e）成桩

DX桩施工流程示意图

施工顺序

　　DX桩成直孔施工→将DX挤扩装置放入孔内→按设计位置自下而上依此挤扩形成承力盘腔体→测定盘腔体的位置与尺寸→下放钢筋笼→插入导管→灌注混凝土→成桩。

工艺说明

　　根据地质条件及设计要求，选择采用干法成孔工艺或者泥浆护壁湿法成孔工艺，成孔之后，将DX挤扩装置放至孔中扩盘位置，挤扩出成承力盘，挤扩时的转位角度由专门液压系统操控。挤扩工序完成后，将清孔装置放入孔中，用旋挖清孔装置将虚土彻底清除干净，随即下钢筋笼，灌注混凝土成桩。

第十七节 ● 螺纹桩基础

021701 螺纹桩

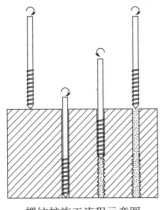

| 螺纹桩施工流程示意图 | 螺纹桩施工现场 |

工艺说明

　　螺纹桩分为全螺纹灌注桩和半螺纹灌注桩两种。（1）全螺纹灌注桩简称螺纹桩，是指采用带有自控装置的螺纹桩钻机，特制的螺纹钻杆，钻至设计深度，钻杆倒转同步提升按原轨迹退出，同时通过钻杆中心，向孔内泵送大流动性混凝土填充形成的螺纹空腔，在土体中形成从下到上的混凝土螺纹桩体。（2）半螺纹灌注桩简称螺杆桩，是指采用带有钻具与旋转同步自控装置的螺杆桩钻机和特制的螺杆钻杆钻进，呈螺旋状挤压土体，钻至设计深度，在土体中形成螺纹。提钻过程中，螺杆桩钻机反旋转原轨迹转出。同时，自控系统严格控制，由钻头处泵出高压细石混凝土，迅速填充由于螺杆钻杆旋转提升所产生的螺纹空间。提到螺纹部分设计高度时，钻杆再次正旋转或直接提升产生带圆柱空间，同时管内泵压浇灌混凝土至桩顶设计标高，即灌注成螺杆桩。

第十八节 • DMC桩（高速深层搅拌复合桩）基础

021801 高速深层搅拌复合桩

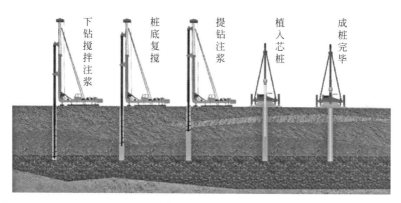

下钻搅拌注浆　　桩底复搅　　提钻注浆　　植入芯桩　　成桩完毕

高速深层搅拌复合桩施工流程示意图

工艺说明

　　高速深层搅拌复合桩，是一种预制芯桩与水泥土桩协同抵抗上部结构荷载的高性能新型组合桩，是利用DMC搅拌钻机辅以水泥浆液、新型减阻剂快速钻进搅拌原位土体，形成稳定、均匀的大直径深层水泥土搅拌桩后，同心植入预制芯桩。水泥土搅拌桩与预制芯桩固结后，桩径增大，侧摩阻和端摩阻特征值明显提升，桩基承载力显著提高。

　　该桩基础适用于淤泥土、淤泥质土、填土、黏土、粉土、砂土、强风化软质基岩地层。DMC工法中水泥土搅拌桩施工工艺与普通水泥土搅拌桩施工工艺相同，插入芯桩，可以是预制钢筋混凝土方桩、预应力高强混凝土管桩、H型钢、圆管钢桩等。

第十九节 • 载体桩基础

021901 载体桩

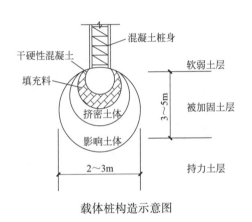

载体桩构造示意图

图中标注：混凝土桩身、干硬性混凝土、填充料、挤密土体、影响土体、软弱土层、被加固土层、持力土层、3～5m、2～3m

工艺说明

载体桩是指由混凝土桩身和载体共同构成的桩，载体是指由干硬性混凝土、填充料、挤密土体三部分构成的承载体。载体桩的桩长包括混凝土桩身长度和载体高度。

载体桩以桩端土体为对象，利用柱锤冲击成孔，对周围土体进行挤密加固，当沉管到设计标高后，对桩端进行连续填料、夯实操作，并用三击贯入度作为控制指标，再填以干硬性混凝土，使桩端以下深度为3～5m、直径为2～3m区域约10m³的土体得到最有效的加固挤密，形成自内到外依此由干硬性混凝土、填充料、挤密土体组成的载体，然后再放置钢筋笼、灌注混凝土或放入预应力管桩。

021902 载体施工

载体桩填料施工现场

工艺说明

　　载体施工填料应采用水泥砂浆拌合物。桩径为 300～500mm 的载体桩，填料量不宜大于 $0.8m^3$；桩径为 500～800mm 的载体桩，填料量不宜大于 $1.2m^3$。当填料量超过限值时，应调整被加固土层。

　　载体施工宜采用计算机自动控制系统，通过输入施工参数自动控制每次夯击时锤的提升高度，自动记录每次夯击的贯入度和最终三击贯入度。

　　当在饱和黏土中施工时，应满足下列要求：（1）柱锤锤底出护筒的距离不应超过 5cm。（2）施工中测完三击贯入度后，应检查桩端土体是否回弹。当土体回弹量超过 5cm 时，应分析原因，处理后重新测量。

　　在地下水位以下施工时，应采取有效的封堵措施。

021903 **桩身施工**

载体桩桩身浇筑现场

工艺说明

　　桩身可采用现浇混凝土和混凝土预制构件，当地下水或土对混凝土或混凝土中的钢筋有腐蚀性时，桩身材料应满足抗腐蚀要求。

　　抗拔载体桩施工时，测量三击贯入度满足要求后，应再次沉护筒至载体内，深度应满足抗拔构造要求且不得小于50cm，随后方可放置钢筋笼，浇筑混凝土成桩。

第三章　基坑支护

第一节 ● 灌注桩排桩围护墙

灌注桩排桩围护墙

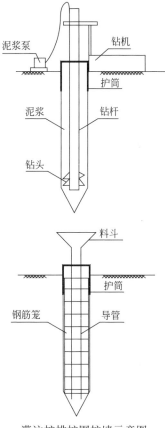

灌注桩排桩围护墙示意图

灌注桩排桩围护墙施工现场

施工顺序

桩位放样→护筒埋设→钻机就位→钻孔→清孔→吊装钢筋骨架→接装导管→灌注混凝土→拆除护筒。

工艺说明

泥浆护壁成孔时，宜采用孔口护筒，护筒埋设应准确、稳定；护筒可用4～8mm厚钢板制作，护筒内径应大于钻头外径100mm，冲击成孔内径应大于钻头外径200mm；护筒的埋设深度，在黏性土中不宜小于1.0m，砂土中不宜小于1.5m。施工时应保证护筒内泥浆液面高出地下水位以上1m；宜采取间隔成桩的施工顺序；应在混凝土终凝后，再进行相邻桩的成孔施工；对松散或稍密的砂土、稍密的粉土、软土等易坍塌或流动的软弱土层，宜采取改善泥浆性能等措施；成孔过程中出现流沙、涌泥、塌孔、缩径等异常情况时，应暂停成孔并及时采取有针对性的措施进行处理，防止继续塌孔。

030102 护筒埋设

护筒埋设施工现场

工艺说明

　　测量放线定出桩位，采用人工或机械挖孔；定点位拉十字线钉放4个控制桩，以4个控制桩为基准埋设钢护筒，为了保护孔口防止坍塌，形成孔内水头和定位导向；护筒埋设到位后，护筒与孔壁用黏土夯实，防止漏浆。护筒设置应符合下列规定：护筒埋设应准确、稳定，护筒中心与桩位中心的偏差不得大于50mm；护筒可用4～8mm厚钢板制作，护筒内径应大于钻头外径100mm，冲击成孔内径应大于钻头外径200mm，垂直度偏差不宜大于1‰；护筒的埋设深度，在黏性土中不宜小于1.0m，砂土中不宜小于1.5m。施工时应保证护筒内泥浆液面高出地下水位以上1m，受水位涨落影响时，应高出最高水位1.5m以上。

030103 成孔施工

旋挖钻成孔施工现场

工艺说明

　　钻孔施工前必须检查钻头保径装置，钻头直径、钻头磨损情况，不能保证成孔质量时应及时更换。根据土层情况正确选择钻斗底部切削齿的形状、规格和角度；根据护筒标高、桩顶设计标高及桩长，计算出桩底标高，以便钻孔时加以控制。钻进成孔过程中，根据地层、孔深变化，合理选择钻进参数，及时调制泥浆，保证成孔质量。钻机转速应根据钻头形式、土层情况、扭矩及钻头切削具磨损情况进行调整，硬质合金钻头转速宜为 40～80r/min，钢粒钻头转速为 50～120r/min，牙轮钻头转速为 60～180r/min。

030104 钢筋笼制作安装

钢筋笼制作施工现场

工艺说明

钢筋笼在钢筋加工厂内集中加工成型，主筋采用搭接焊接，加强箍筋采用双面搭接焊或接驳器连接，螺旋筋和主筋连接采用电弧点焊焊接。钢筋笼加工长度要根据现场施工需要，可以整体吊装，也可以分节吊装。钢筋笼运到现场采用吊车吊装，保证钢筋笼垂直度和保护层厚度等。

030105 混凝土浇筑

水下混凝土浇筑施工现场

工艺说明

采用导管法水下混凝土灌注，混凝土采用商品混凝土。灌注前，需对孔底沉渣厚度进行测定，孔底沉渣厚度不应大于200mm，混凝土坍落度控制在180～220mm。施工过程中严禁将导管提出混凝土面，以免形成断桩，同时严禁将导管埋置过深，以防混凝土堵管或钢筋笼上浮。

第二节 ● 板桩围护墙

030201 施工准备

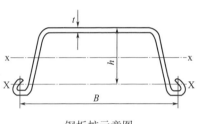

钢板桩示意图

钢板桩实物

工艺说明

　　拉森板桩运到工地后，需进行整理。清除锁口内杂物（如电焊瘤渣、废填充物等），对缺陷部位加以整修。

　　锁口检查的方法：用一块长约2m的同类型、同规格的拉森板桩作为标准，将所有同型号的拉森板桩进行"锁口通过检查"。检查采用卷扬机拉动标准拉森板桩，从桩头至桩尾进行锁口通过检查。对于检查出的锁口扭曲及"死弯"进行校正。

　　宽度检查的方法：对于每片拉森板桩分为上、中、下三部分用钢尺测量其宽度，确保每根桩的宽度在同一尺寸内，每片相邻数差值以小于1cm为宜。对于肉眼看到的局部变形可进行加密测量。超出偏差的拉森板桩应杜绝使用。

030202 安装导向架

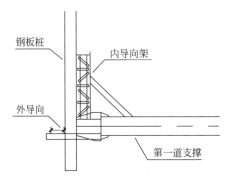

导向架示意图

导向架施工现场

工艺说明

拉森板桩采用内侧导向方法，在定位桩上焊接双拼 HN450×200 H 型钢作为第一道围檩，同时作为钢板桩导向架。在插打前几根钢板桩前，先按钢板桩宽度在圈梁上画出每根钢板桩的边线，然后在圈梁上焊接长约 4m 的导向桁架，在导向架上、下边上设置限位装置，大小比钢板桩每边放大 1cm。

030203 钢板桩运输与起吊

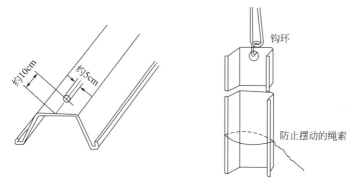

约10cm 约5cm

钩环

防止摆动的绳索

钢板桩起吊示意图

工艺说明

对于处理好的拉森板桩，在堆放和运输中，要避免碰撞，防止弯曲变形。插打过程中，须遵守"插桩正直，分散即纠，调整合龙"的施工要点。拉森板桩的起吊应注意：（1）将接长后的拉森板桩整齐排列在易于起吊的位置；（2）利用起吊孔起吊钢板桩时，使用气割等在钢板桩轴线上从离端部10cm左右的位置穿好直径5cm大小的吊孔，吊孔打磨圆滑，使用钩环联结牢固；（3）在下端部系好适当的绳索以防止左右摆动。

030204 围堰钢板桩的插打

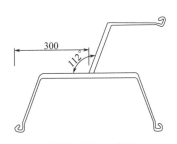

钢板桩角桩示意图

钢板桩打桩施工现场

工艺说明

　　拉森板桩插打按照上游向下游合龙的顺序进行，拉森板桩四边插打完毕后，拆除钻孔平台桩。考虑到起吊设备和振动设备以及围堰合龙的精确度等因素，前一部分逐根插打，后一部分先插合龙再插打的方法。

　　首先施打角上的拉森板桩角桩，插打时钢板桩桩背紧靠导向架，边插边将吊钩缓慢下放，这时在相互垂直的两个方向用锤球进行观测，以确保钢板桩插正、插直。施打完成后测量检测平面位置和垂直度，满足要求后利用锁口导向和定位导向依次施打其余拉森板桩。整个施工过程中，要用锤球控制每片桩的垂直度，并及时调整；在钢板桩的插打时注意钢板桩的拼接缝不能在围堰的同一断面上，应上下交替错开。每一片钢板桩先利用自重下插，当自重不能下插时，才进行加压；钢板桩插打至设计标高后，立即与导向架进行焊接；插打过程中，须遵守"插桩正直，分散即纠，调整合龙"的施工要点。锁口处均匀涂混合油保证顺利插拔及防渗，混合油常用比例：黄油：沥青：干锯末：黏土＝2：2：2：1。

030205 围檩及支撑安装

围檩安装施工现场

工艺说明

    拉森板桩插打施工完后，进行围檩型钢安装，安装时首先在钢板桩上对应围檩位置下方焊接一根承受围檩自重并对围檩进行固定的型钢，然后吊围檩型钢就位后，再在围檩上方对应位置也焊接一根型钢，一上一下两根短型钢对围檩位置进行固定。由于部分拉森板桩侧面与围檩型钢之间存在空隙，围檩与钢板桩凸面之间的缝隙用钢板塞紧并进行焊接固定，围檩与钢板桩凹面之间的缝隙根据缝隙宽度截取同长度的工字钢和钢板塞紧并进行焊接固定，尤其注意拉森板桩围堰四角与围檩型钢的固定。

030206 钢板桩围堰基坑开挖

基坑开挖施工现场

工艺说明

　　钢板桩围堰形成并降水后，将基坑开挖至设计标高。开挖采用干挖法，即用长臂挖掘机进行基坑土开挖，挖掘机挖不到的部位，采用人工下到坑底，用高压水枪冲刷基底后，结合排污泵抽走的开挖方式开挖。挖掘机挖出的土方，通过运土车拉至弃土场堆放，高压水枪冲出的泥浆，通过排污泵装入泥浆罐车，通过罐车运出工地至规定地点进行沉淀处理。基坑开挖至承台底设计标高下 1.0m，开挖至设计标高后，进行基面清理工作，清理表面泥渣，并大致整平。清理完后检查基底平整度并做好记录。在围堰基坑底四角埋设 4 根无砂混凝土滤水管，并各下一台水泵，将基坑底水位保持在坑底以下 0.5m 处。

030207 钢围堰封底混凝土施工

封底混凝土浇筑施工现场

工艺说明

封底混凝土采用干做法，即在基坑底面上直接浇筑封底混凝土。一方面，通过封底混凝土增加抗水压强度；另一方面，封底混凝土与围堰形成一个整体，增大围堰的自重，抵抗外侧水浮力。浇筑封底混凝土时应将基坑底降水井的无砂混凝土滤水管接长至封底地面，方便承台及墩柱施工时的降水。

封底混凝土浇筑应在开挖至基坑底面后尽快进行。混凝土浇筑前应将基坑底杂物、松散土体清理干净，在标高达到设计要求后，方可进行混凝土的浇筑。封底混凝土浇筑前应在封底混凝土顶面即四道支撑上安装混凝土工操作平台。混凝土采用泵车浇筑，浇筑混凝土时分块、分层水平对称浇筑，分块宽度不宜超过2m，分层厚度为30cm为宜。浇筑时应当对称浇筑，防止出现两侧围堰受力不均的情况发生。混凝土振捣采用插入式振动棒振捣，振捣棒应快插慢拔。振动棒的移动间距不应超过其作用半径的1.5倍，且要求插入下层混凝土5~10cm，每一处振动完毕后应边振动边提出振动棒。禁止采用振捣方式使混凝土长距离流动或运输混凝土，避免发生混凝土离析。对每一处振动部位，必须振动到该部位混凝土密实为止，密实的标志是混凝土停止下沉、不再冒出气泡，表面平坦、泛浆。

030208 钢围堰拆除

拔桩施工现场

工艺说明

　　钢板桩拔除时先用振动锤夹住拉森板桩头部振动 1～2min，使拉森板桩周围的土松动，产生"液化"，减少土对桩的摩阻力，然后慢慢地往上振拔。拔桩时注意桩机的负荷情况，发现上拔困难或拔不上来时，应停止拔桩，可先行往下施打少许，再往上拔，如此反复可将桩拔出来。

第三节 • 咬合桩围护墙

咬合桩围护墙

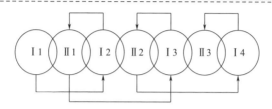

咬合桩施工顺序

咬合桩围护墙施工现场

◆ **施工顺序**

　　场地平整→测放桩位→施工导墙→钻机就位→Ⅰ序桩施工（被咬合桩）→Ⅱ序桩施工（咬合桩）。

◆ **工艺说明**

　　咬合式排桩布置形式分为有筋桩和无筋桩搭配、有筋桩和有筋桩搭配两种形式，桩径常见 800mm、1000mm、1200mm。咬合式排桩分硬法切割施工、软法切割施工两种施工工艺。硬法切割施工应采用全套管全回转钻机施工，硬法切割施工采用的钢套管宜采用双壁钢套管。软法切割施工宜采用全套管钻机、旋挖钻机施工。

030302 导墙施工

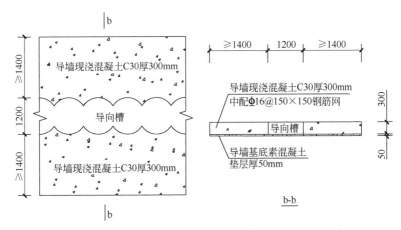

钻孔咬合桩施工导墙结构图

导墙施工现场

咬合桩导墙采用 C30 厚 300mm 钢筋混凝土结构，导墙形式图所示。

工艺说明

　　场地平整后，根据实际地形标高和桩顶标高确定导墙基础开挖深度，基础开挖采用人工配合挖掘机进行，开挖到基底后，清底、夯填、整平。

　　钢筋的规格性能符合标准规范的规定和设计要求，钢筋加工下料按图纸要求施工。

　　采用定型钢模，每段长度按3～5m考虑，模型支撑采用方木，具体见下图所示：

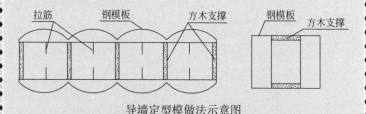

导墙定型模做法示意图

　　采用C30商品混凝土，人工入模，插入式振动棒振捣，保证顶面高程，在混凝土强度达到70％时拆模，施工中严格控制导墙施工精度，确保轴线误差±20mm，内墙面垂直度0.3％，平整度3mm，导墙顶面平整度5mm。

030303 施工顺序

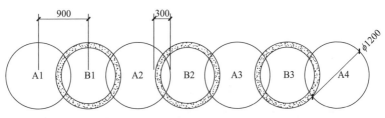

施工顺序示意图

说明：图中 B1 桩为砂桩，施工顺序为：A2→B1→A3→B2→A4→B3。

工艺说明

　　先施工素混凝土 A 序桩，第一根桩采用砂桩处理，再在相邻两 A 序桩间切割成孔施工钢筋混凝土 B 序桩。

030304 成孔

成孔施工现场

工艺说明

（1）钻机就位后，保证套管与桩中心偏差小于2cm，压入第一节套管，然后用抓斗从套管内取土，一边抓土，一边继续下压套管。抓土过程中，随时监控检测和调整套管垂直度，发生偏移及时纠偏调整（用线锤进行垂直方向控制，同时采用2台经纬仪垂直方向监控套管垂直度）。（2）当孔深度达到设计要求后，及时清孔并检查沉渣厚度，若厚度大于20cm，则继续清孔直至符合要求，可用抓斗轻轻放至孔底把沉渣清完。（3）确定孔深后，及时向监理工程师报检，检测孔的沉渣和深度（用测绳检查桩孔的沉渣和深度，注意经常进行测绳标定检查）。（4）桩成孔期间，利用施工间歇时间，进行土石方外运，避免土石方堆在现场影响后续施工。（5）在最后一节护筒安装完成后，用2m靠尺测定护筒垂直度，进而推算出整条桩成孔垂直度。

030305 钢筋笼吊装（B桩）

钢筋笼吊装施工现场

工艺说明

　　钢筋笼的吊装利用履带式起重机，采用三点起吊法，首先采用大钩将钢筋笼平行吊起，平移至桩孔处，然后利用小钩和大钩配合将钢筋笼慢慢竖起，直至将钢筋笼垂直吊起，之后将钢筋笼一次性放入孔中。钢筋笼下至设计高程后，利用钢筋笼周围钢筋定位环保证钢筋笼轴线与桩孔中心线重合，并确保主钢筋的净保护层满足设计要求，保护层的允许偏差按±20mm控制。

030306 混凝土灌注

混凝土灌注施工现场

工艺说明

(1) 采用导管法浇筑水下混凝土,导管直径为300mm,导管连接顺直、光滑、密闭、不漏水,浇筑混凝土前先进行压力试验。(2) 在浇筑过程中,随时检查是否漏水。第一次浇筑时,导管底部距孔底30~50cm,浇筑混凝土量要经过计算确定,在浇筑中导管下端埋深控制在2~4m,同步提升套管和导管,采用测绳测量,严格控制其埋深和提升速度,严禁将套管和导管拔出混凝土面,防止断桩和缺陷桩的发生。(3) 水下混凝土要连续浇筑不得中断,边灌注边拔套管和导管,并逐步拆除。混凝土灌注至设计桩顶标高以上0.5~1.0m(超灌量0.5~1.0m),因套管上拔后桩孔存在一定程度的扩孔,最后一节套管上拔前应测定当前混凝土面标高,对所需混凝土进行估量,确保满足桩顶设计标高和超灌要求,完全拔出套管和导管。桩顶混凝土不良部分要凿掉清除,要保证设计范围内的桩体不受损伤,并不留松散层。

第四节 ● 型钢水泥土搅拌桩

030401 型钢水泥土搅拌墙

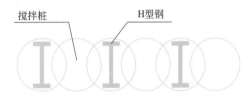

型钢水泥土搅拌桩示意图

（隔-插-或密插）

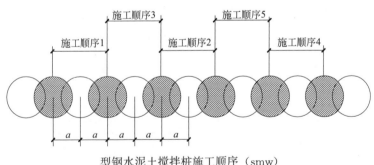

型钢水泥土搅拌桩施工顺序（smw）

（标准做法）

搅拌墙施工现场

施工顺序

　　测量放线→开挖沟槽→桩机定位→钻头下沉→喷浆搅拌下沉→喷浆搅拌提升→H型钢起吊→H型钢插入。

工艺说明

　　连续施工情况下三轴搅拌桩均采用跳孔式重复套打施工方法，减少偏钻。桩机保持匀速下沉和提升。水泥浆应按设计配比和搅拌机操作规定拌制，并应通过滤网倒入有搅拌装置的储浆桶或池，防止离析。

030402 设置定位型钢

设置导向定位型钢施工现场

工艺说明

施工前采用型钢进行定位，设置定向型钢。设置定向型钢要保证位置准确，垂直度和中线满足要求。

030403 搅拌桩施工

搅拌桩施工现场

施工顺序

定位放样，钻机就位→钻进下沉至设计标高→旋喷提升至停喷面→钻机移位。

工艺说明

连续施工情况下三轴搅拌桩均采用跳孔式重复套打施工方法，减少偏钻。桩机就位应对中，平面允许偏差应为 $\pm$ 20mm，立柱导向架垂直度不大于 1/250；搅拌下沉速度宜控制在 $0.5 \sim 1 m/min$，提升速度控制在 $1 \sim 2 m/min$，保持匀速下沉和提升。水泥浆应按设计配比和搅拌机操作规定拌制，并应通过滤网倒入有搅拌装置的储浆桶或池，防止离析。施工中因故停止喷浆，应在恢复喷浆前，将搅拌机头提升或下沉 0.5m 后再喷浆搅拌施工。

030404 插入型钢

型钢插入施工现场

工艺说明

型钢宜在搅拌桩施工结束后 30min 内插入，插入前应检查其平整度及接头焊接质量。型钢的插入必须采用牢固的定位导向架，在插入过程中应采取措施保证型钢垂直度。型钢宜依靠自重插入，当型钢插入有困难时可采用辅助措施下沉。

030405 拔出型钢

型钢拔出施工现场

工艺说明

拟拔出回收的型钢，插入前应先在干燥条件下除锈，再在其表面涂刷减摩材料。型钢拔除前水泥土搅拌墙与主体结构地下室外墙之间的空隙必须回填密实。型钢起拔宜采用专用液压起拔器。

第五节 • 土钉墙

030501 土钉墙构造

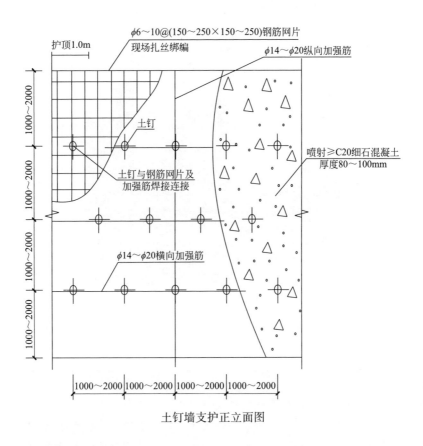

土钉墙支护正立面图

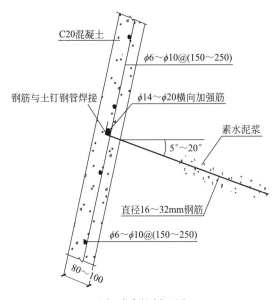

C20混凝土

$\phi6\sim\phi10@(150\sim250)$

钢筋与土钉钢管焊接

$\phi14\sim\phi20$横向加强筋

素水泥浆

$5°\sim20°$

直径16～32mm钢筋

$\phi6\sim\phi10@(150\sim250)$

$80\sim100$

土钉墙支护剖面图

土钉墙构造施工现场

工艺说明

　　土钉墙主要由土钉、钢筋混凝土面层、土钉之间的加固土体和必要的防水系统组成。土钉长度宜为开挖深度的0.5～1.2倍，间距1～2m，水平夹角宜为5°～20°；土钉可采用钢筋、钢管、型钢等，采用钢筋土钉时宜采用HRB335、HRB400级。

030502 土钉墙基坑土方开挖

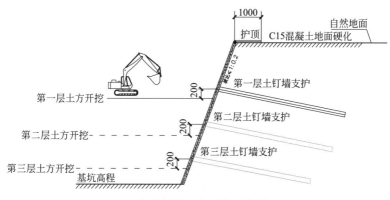

土钉墙基坑土方开挖示意图

土钉墙基坑土方开挖施工现场

工艺说明

采用土钉墙支护的基坑应分层开挖，且应与土钉墙施工作业紧密协调和配合。挖土分层厚度应与土钉竖向间距一致，开挖标高宜为相应土钉位置向下200mm，严禁超挖。完成上一层作业面土钉和面层后，应待其达到70％设计强度以上后，方可进行下一层作业面的开挖。开挖应分段进行，分段长度取决于基坑侧壁的自稳定性。土方开挖和土钉施工应形成循环作业。

030503 土钉墙施工

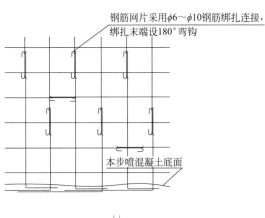

钢筋网片采用φ6～φ10钢筋绑扎连接，绑扎末端设180°弯钩

本步喷混凝土底面

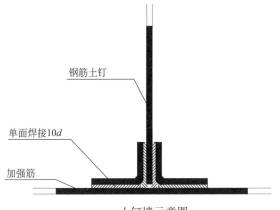

钢筋土钉

单面焊接10d

加强筋

土钉墙示意图

土钉墙施工现场

施工顺序

　　开挖工作面→修整坡面→放线定孔位→成孔→置筋→堵孔注浆→绑扎，固定钢筋网→压筋→插排水管→喷射混凝土→坡面养护。

工艺说明

　　土钉墙支护施工前需探明场地内地下管线及周边建筑物关系。插入土钉前应清孔和检查，土钉置于孔中前，先在其上安装连接件，保证土钉处于孔位中心位置且注浆后保证其保护层厚度。注浆材料一般选用水泥浆或水泥砂浆，注浆压力根据设计要求确定。面层钢筋网采用 HPB300 级钢筋绑扎编织，面层加强筋与钢筋网及土钉间采用焊接连接。混凝土喷射机输送水平距离不宜小于 100m，垂直距离不宜小于 30m。

030504 土钉墙注浆

土钉墙注浆施工现场

工艺说明

　　土钉注浆前应将孔内残留或松动的杂土清除，根据设计要求和工艺试验，选择合适的注浆机具，确定注浆材料和配合比。注浆材料一般采用水泥浆或水泥砂浆。一般采用重力、低压（0.4～0.6MPa）或高压（1～2MPa）注浆。水平注浆时应在孔口设置止浆塞，注满后保持压力3～5min；斜向注浆采用重力或低压注浆，注浆导管低端插入距孔底250～500mm处，在注浆时应将导管均匀缓慢地撤出，过程中注浆导管口始终埋在浆体表面下。有时为提高土钉抗拔能力还可采用二次注浆工艺。每批注浆所用的砂浆至少取3组试件，每组3块，立方体试块经标准养护后测定3d和28d强度。

030505 混凝土面层施工

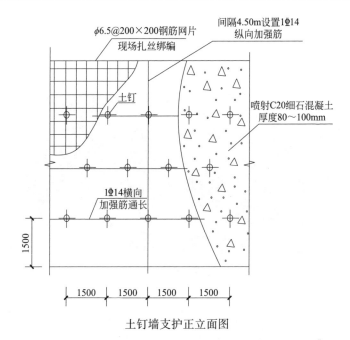

土钉墙支护正立面图

土钉墙支护剖面图

混凝土面层施工现场

工艺说明

应根据施工作业面分层分段铺设钢筋网，面层钢筋网采用 HPB300 级钢筋绑扎编织，钢筋网之间的搭接可采用焊接或者绑扎，钢筋网可用插入土中的钢筋固定。钢筋网易随壁面铺设，与坡面间隙不小于 20mm。土钉与面层钢筋网的连接可通过垫板、螺母及端部螺纹杆、井字加强钢筋焊接等方式固定。

喷射混凝土一般采用混凝土喷射机，施工时应分段进行，同一分段内喷射顺序应自下而上，喷头运动一般按螺旋式轨迹一圈压半圈均匀缓慢移动，喷头与受喷面保持垂直，距离 0.6～1m，一次喷射厚度不宜小于 40mm；混凝土上下层及相邻段搭接结合处，搭接长度一般为厚度的 2 倍以上，接缝应错开。混凝土终凝 2h 后应喷水养护，应保持混凝土表面湿润，养护期根据当地环境气候条件而定，宜为 3～7d。

第六节 ● 地下连续墙

030601 导墙施工

导墙施工现场

基坑开挖程序

测量放线→开挖→修坡→整平→留足预留土层等。

工艺说明

导墙形式有预制及现浇两种，现浇导墙形状有 L 形或倒 L 形，可根据不同土质选用。导墙土方开挖采用机械及人工配合开挖。雨期施工时，基坑槽应分段开挖，挖好一段浇筑一段垫层，并在基槽两侧围以土堤或挖排水沟，以防地面雨水流入基坑槽，导致坑壁受水浸泡造成塌方。采用机械开挖基坑时，应在基底标高以上预留 200mm 以上的预留土。

030602 泥浆制备

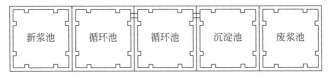

| 新浆池 | 循环池 | 循环池 | 沉淀池 | 废浆池 |

泥浆池平面示意图

泥浆制备施工现场

泥浆检测施工现场

工艺说明

根据成槽施工和泥浆循环与再生的需要，结合现场实际情况以及工期要求设置泥浆池。每个泥浆池按新浆、循环、废浆池组合分格设置或单独设置。

具体配制细节：先配制 CMC 溶液静置 5h，按配合比在搅拌筒内加水，加膨润土，搅拌 3min 后，再加入 CMC 溶液。搅拌 10min，再加入纯碱，搅拌均匀后，放入储浆池内，待 24h 后，膨润土颗粒充分水化膨胀，即可泵入循环池，以备使用。

在挖槽过程中，泥浆由循环池注入开挖槽段，边开挖边注入，保持泥浆液面距离导墙面 0.2m 左右，并高于地下水位 1m。

030603 刷壁施工

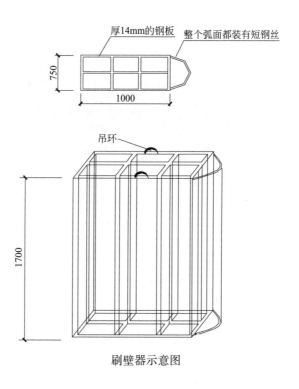

刷壁器示意图

厚14mm的钢板 整个弧面都装有短钢丝

750

1000

吊环

1700

刷壁器施工现场

工艺说明

　　刷壁器采用偏心吊刷，以保证钢刷面与接头面紧密接触从而达到清刷效果。

　　将特制的刷壁器悬吊于液压抓斗成槽机的抓斗上，清刷先行幅接头面上的沉渣或泥皮，上下刷壁的次数不少于20次，直到刷壁器的毛刷面上无泥为止，确保接头面的新老混凝土接合紧密。

030604 成槽施工

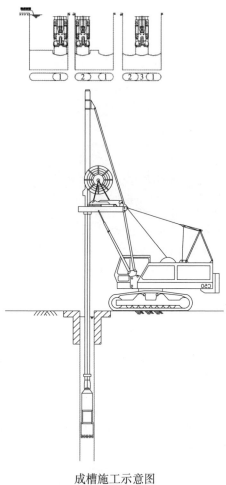

成槽施工示意图

成槽施工现场

工艺说明

　　采用地下连续墙液压抓斗工法施工。根据施工现场实际情况合理安排地下连续墙施工顺序，合理选择首开幅及闭合幅。地下连续墙形式有一字形、L形、Z形，其中L形、Z形不做首开幅。无黏性土、硬土和夹有孤石等较复杂地层可用冲击式钻机开挖；黏性土和标准贯入击数 $N<30$ 的砂性土，采用抓斗式，但深度宜小于或等于15m。回转式钻机，尤其是多头钻，地质条件适应性好，且功效高，壁面平整，一般当深度 $h>20$m 时，宜优先考虑。采用多头钻机开槽，每段槽孔长可取 $6\sim8$m。单元槽段成槽时采用"三抓"开挖，先挖两端后挖中间，使抓斗两侧受力均匀。成槽时每一抓挖至设计标高以上50cm后停止挖土，进行第二抓挖土施工，直至全槽达到设计标高50cm后进行刷壁、清底。

030605 地下连续墙锁口管接头

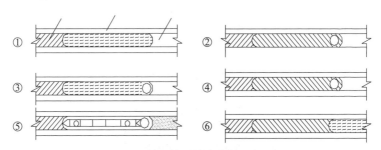

锁口管下放流程图

锁口管下放施工现场

施工顺序

开挖槽段→在一端放置接头管（第一槽段在两端均应放置）→吊放钢筋笼→灌注混凝土→拔出接头管→相邻槽段挖土，形成弧形接头。

工艺说明

锁口管的安放采用吊放法。上、下锁口管接好后，应重新安好"月牙挡塞"，对间隙大的地方用黏土塞实、抹平。锁口管全部接好后，应提高槽底500～1000mm，然后快速下放，插入槽底地层中300～500mm。对于背部间隙大的，应用黏土或沙袋回填，以防串浆或挤偏锁扣管，产生位移，而影响下一槽段施工。

030606 地下连续墙十字钢板接头

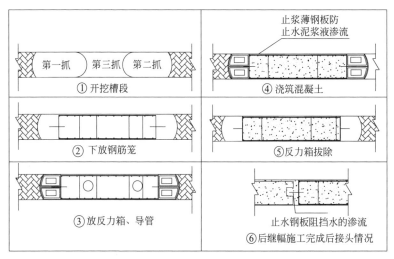

① 开挖槽段 第一抓　第三抓　第二抓	④ 浇筑混凝土 止浆薄钢板防 止水泥浆液渗流
② 下放钢筋笼	⑤ 反力箱拔除
③ 放反力箱、导管	⑥ 后继幅施工完成后接头情况 止水钢板阻挡水的渗流

十字钢板接头示意图

工艺说明

　　堵头钢板的两端设封头薄钢板以防止混凝土的绕流，每节接头箱长5～10m，接头箱之间采用锁销连接，采用液压拔管机拔除。接头箱拔除后，十字钢板的后靠采用回填砂砾料以代替接头箱，这样在下一槽段施工时，可采用带有刃角的专用工具沿接头面插入将十字钢板表面附着物切除。通孔接头构件底部绑上粗筛网或焊上钢板，防止混凝土进入管内。

030607 地下连续墙工字钢接头

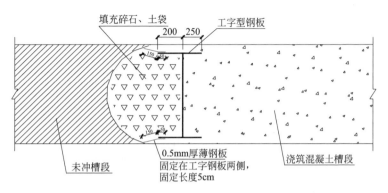

工字钢示意图

工字钢与钢筋笼制作施工现场

工艺说明

在加工钢筋笼时，将工字钢接头与钢筋笼整体焊接，工字钢板底部为连续墙底面标高上 250mm，顶部为连续墙顶面标高上 500mm。工字钢接头与钢筋笼一起吊入槽段内。工字钢外侧设薄钢板防止绕流。薄钢板固定在工字钢板上，工字钢外侧采用填筑碎石、土袋的方法。

030608 钢筋笼制作

钢筋笼制作施工现场

工艺说明

　　钢筋笼根据地下连续墙墙体设计配筋和单元槽段的划分来制作。若需要分段制作及吊放时，钢筋笼空中拼接宜采用帮条焊接。钢筋施工前先制作钢筋笼桁架，桁架在专用模具上加工，以保证每片桁架平直，桁架的高度一致，以确保钢筋笼的厚度，钢筋笼下部50cm做成楔形，向内收10cm。钢筋笼端部与接头管或混凝土接头面应留有15～20cm的间隙，主筋保护层厚度根据设计要求确定，垫块和墙面之间宜留置2～3cm的缝隙。

030609 钢筋笼吊装

地下连续墙钢筋笼吊装施工现场

工艺说明

采用2台大型起重设备分别作为主吊、副吊，同时作业。每一榀钢筋笼吊装时，先进行试吊，将钢筋笼水平吊起300～500mm高，静止10min后对钢筋笼进行整体检查，检查合格后开始抬吊。在空中抬吊顺直后由主吊吊载钢筋笼，将钢筋笼移到已挖好槽段处，对准槽段中心按设计要求槽段位置缓慢入槽，钢筋笼放置到设计标高后，利用担杠搁置在导墙上。通过控制钢筋笼顶标高来确保钢筋预埋件的位置准确。

030610 混凝土浇筑

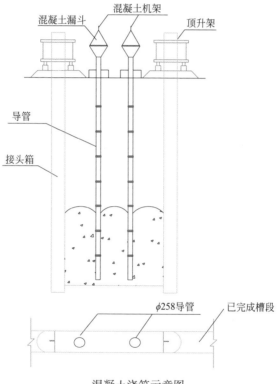

混凝土浇筑示意图

混凝土浇筑施工现场

工艺说明

　　混凝土应具有良好的和易性，坍落度宜控制在 18～
22cm，缓凝时间宜为 6～8h。每个单元槽使用 2 套或 2 套以
上导管灌注时，导管中心间距不宜大于 3m，导管中心与槽
孔端部或接头管壁面的距离不宜大于 1.5m，开始灌注时导
管底端距槽底不宜大于 50cm。在混凝土灌注过程中，可使
导管上下小幅度运动，以密实混凝土，但不得使导管横向移
动，也不得移出混凝土上表面。混凝土超灌宜不小于一倍墙
厚。2 根导管浇筑混凝土要均衡连续浇筑，并保持 2 根导管
同时进行浇筑，槽段混凝土面应均匀上升且连续浇筑，各导
管处的混凝土面在同一标高上。浇筑上升速度不小于 3～
4m/h，2 根导管间的混凝土面高差不宜大于 50cm。

030611 地下连续墙二次注浆

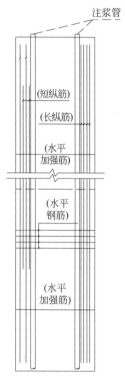

地下连续墙立面示意图

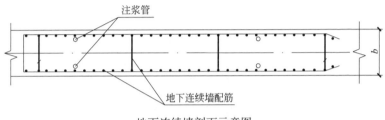

地下连续墙剖面示意图

工艺说明

    为减小地下连续墙后期的沉降和协调整体变形，在地下连续墙施工结束后，宜进行二次注浆，减少地下连续墙的垂直沉降和不均匀沉降。原则上每5～6m幅宽设置2根注浆管，每根注浆管插入墙底50cm。注浆管采用φ50钢管，底端用胶带封堵，在钢筋笼施工结束后固定于钢筋笼上。注浆材料由水泥、粉煤灰和水按一定比例配制而成，浆液保证足够的流动性，以利于注浆。注浆压力初步控制在300～500kPa。注浆流量控制在30L/min。

第七节 • 水泥土重力式挡墙

030701 水泥土搅拌桩平面布置

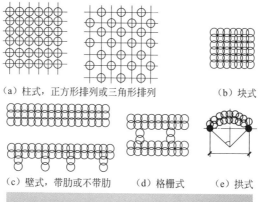

（a）柱式，正方形排列或三角形排列　　　（b）块式

（c）壁式，带肋或不带肋　　（d）格栅式　　（e）拱式

（f）实景

水泥土搅拌桩平面布置

工艺说明

　　水泥土搅拌桩的平面布置视地质条件和基坑围护要求，结合施工设备条件可以选用柱式、块式、壁式、格栅式、拱式等。

030702 测量放样

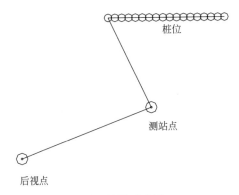

测量放样示意图

测量放样施工现场

工艺说明

  由测量人员根据图纸设计，实地放样测设出每根水泥土挡墙搅拌桩的轴线及桩位中心点，打入竹签并做出明显的标志。用水准仪测量各点的高程，确定下钻深度，经复核无误后报监理审查认可后进行下道工序的施工。

030703 深层搅拌水泥土重力式挡土墙施工

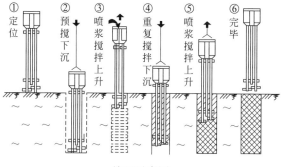

① 定位　② 预搅下沉　③ 喷浆搅拌上升　④ 重复搅拌下沉　⑤ 喷浆搅拌上升　⑥ 完毕

施工示意图

施工顺序

　　搅拌机定位→预搅下沉→制备水泥浆→提升、喷浆、搅拌→重复上、下搅拌→搅拌机清洗、移位。

工艺说明

　　水泥土墙是利用水泥材料为固化剂，采用特殊的拌合机械在地基深处就地将原状土和固化剂强制拌合，经过一系列的物理化学反应，形成具有一定强度、整体性和水稳定性的加固土圆柱体，将其相互搭接，连续成桩，形成具有一定强度和整体结构的水泥土墙，用以保证基坑边坡的稳定。施工控制要点及注意事项：施工前应平整场地，地上、地下障碍物清除干净，做到桩机地基平整、坚实、稳固和适用。搅拌机准确就位，同时调整搅拌机的垂直度和水平度，确保搅拌机钻杆保持垂直。在水泥搅拌桩施工过程中，对埋深较浅地段的大孤石采用开挖的方案，取出孤石。对埋深较深的大孤石，经现场确认无法施工时，采用补桩措施。开挖后发现搅拌桩有断桩、开叉现象，则立即采取补强措施：在断桩、开叉部位的桩身处，在开挖面侧向桩内注浆，加固土体；桩背后做旋喷桩止水帷幕。

030704 粉体喷射搅拌水泥土重力式挡土墙施工

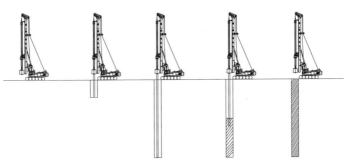

钻机就位　　钻机钻孔　　钻孔结束　　提升喷射搅拌　　提升结束

挡土墙施工流程示意图

挡土墙施工现场

施工顺序

钻机对位→钻机钻进→钻孔结束→提升粉喷搅拌→提升结束。

工艺说明

粉体喷射搅拌法是以机械强制搅拌土粉混合体，使灰土混合形成加固柱体。施工注意事项：根据结构要求的承载力，初步选定间距，从而定出加固范围内搅拌桩的数量以及每平方米内搅拌桩所占的面积。搅拌桩的排列一般呈等边三角形，也可四方形布置，桩径为 0.5～1.5m，桩距约 1m。钻头提升距地面 30～50cm 应停止喷粉，以防溢出地面。

030705 水泥土重力式挡土墙 H 型钢施工

水泥土重力式挡土墙 H 型钢施工示意图

水泥土重力式挡土墙 H 型钢施工现场

◆ 工艺说明

　　H 型钢压入时应设置型钢导向架，在导向架上做好型钢定位标记，确保型钢插入时位置的准确性。H 型钢底部中心要对正桩位中心，并沿定位卡徐徐垂直插入水泥土搅拌桩内，插入深度超过 4m 后要快放直到指定位置。若 H 型钢插放达不到设计标高时，提升 H 型钢，重复下插使其插到设计标高，下插过程中始终用线锤跟踪控制 H 型钢垂直度。H 型钢压入与拔出采用液压桩机进行，水泥土与型钢粘结力可通过在型钢表面涂刷减摩剂解决，以方便拔出。

第八节 ● 内支撑

钢支撑

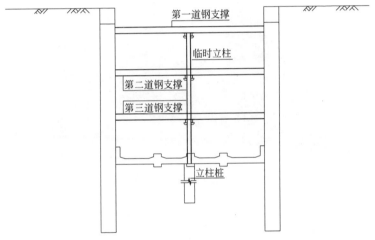

钢支撑基坑剖面图

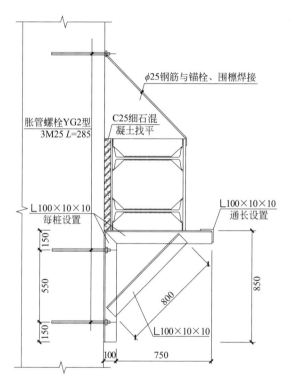

钢围檩与支护桩连接节点

钢支撑施工现场

施工顺序

测量放线→安装钢牛腿→施工钢围檩→支撑拼装→施加支撑预应力→安装完成。

工艺说明

钢支撑常用 H 型钢支撑与钢管支撑。钢支撑多为工具式支撑，装拆方便，可重复使用，可施加预紧力。钢支撑受力构件的长细比不宜大于75，联系构件的长细比不宜大于120。安装节点尽量设在纵、横向支撑的交会处附近。纵向、横向支撑的交会点尽可能在同一标高上，尽量少用重叠连接。钢支撑与钢腰梁可用电焊等连接。

030802 测量放线

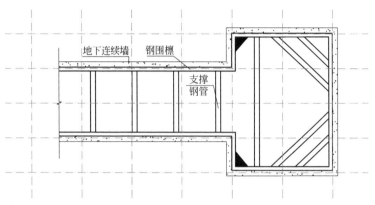

地下连续墙　钢围檩

支撑
钢管

钢支撑平面布置图

工艺说明

　　在土方开挖至围檩安装位置以下 0.5m 后，进行测量放线。定位出钢围檩及钢牛腿的安装位置，清理出施工作业面。钢围檩安装前，及时清理连续墙墙面并凿毛，凿除连续墙墙面鼓包等瑕疵，确保围檩安装前连续墙墙面平整。

030803 安装钢牛腿

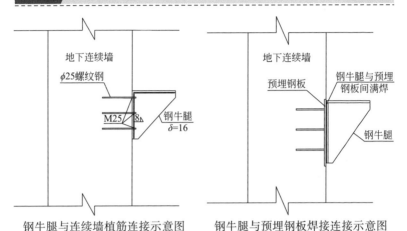

钢牛腿与连续墙植筋连接示意图　　　　钢牛腿与预埋钢板焊接连接示意图

斜撑段钢牛腿焊接示意图

工艺说明

　　钢围檩牛腿托架由 16mm 厚钢板焊接而成，钢牛腿可与地下连续墙预埋钢板焊接连接，如没有预埋钢板，可用植筋的方式，用锚固钢筋与地下连续墙连接。锚固钢筋采用环氧树脂浆锚固于连续墙内，钻孔直径大于锚钉直径 4mm，并将钢牛腿托架沿地下连续墙内侧安装，间距 4m。

030804 施工钢围檩

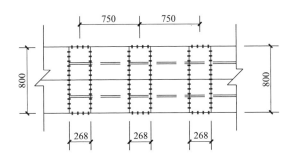

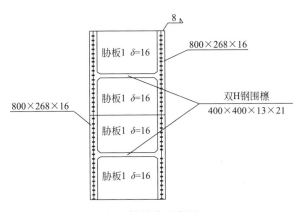

钢围檩拼接示意图

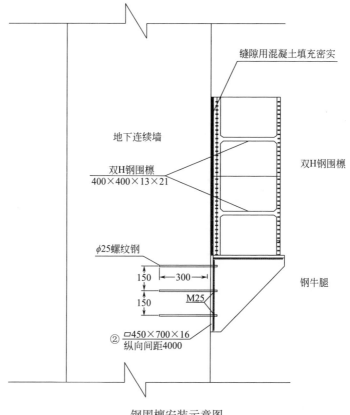

缝隙用混凝土填充密实

地下连续墙

双H钢围檩
400×400×13×21

双H钢围檩

φ25螺纹钢

钢牛腿

150
300
150
M25

② □450×700×16
纵向间距4000

钢围檩安装示意图

工艺说明

　　钢围檩加工长度按照支撑长度进行加工，钢管与钢管之间用法兰连接，特殊尺寸定型加工，钢围檩双拼H型钢之间连接采用16mm厚钢板满焊连接。钢围檩安装前，要将钢围檩安装位置地下连续墙墙面凿毛后，抹50mm厚C30细石混凝土，斜撑段钢围檩与预埋钢板焊接，并将钢围檩安装至钢板托架上。安装就位后再次对钢围檩与连续墙墙体间隙进行填充。

| 030805 | 支撑拼装 |

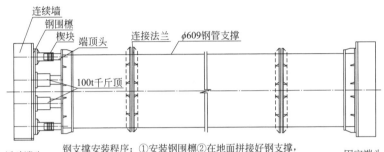

钢支撑安装程序：①安装钢围檩②在地面拼接好钢支撑，用起重机就位；③将端头板焊接在钢围檩上；④千斤顶施加预应力；⑤用楔块锁紧钢支撑；⑥千斤顶卸载

连续墙　钢围檩　楔块　端顶头　连接法兰　φ609钢管支撑　100t千斤顶　活动端头　固定端头

钢支撑拼装示意图

工艺说明

　　钢管支撑的拼装在基坑内进行，拼装成整根后整体进行吊装。拼装场地用枕木铺设平台，以便拼装时栓接操作。拼装长度根据现场量取围檩间的实际宽度确定。所有支撑连接处，均应垫紧贴密，防止钢管支撑偏心受压。钢围檩及支撑头，必须严格按设计尺寸和角度加工焊接、安装，保证支撑为轴心受力。支撑安装前对经检查合格的支撑进行编号，编号与现场支撑安装位置的编号一致，以免用错。

030806 施加支撑预应力

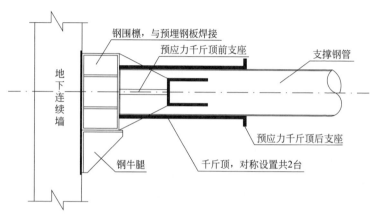

千斤顶施加预应力示意图

工艺说明

　　施加预应力采用组合千斤顶。所施加的支撑预应力的大小由设计单位根据设计轴力予以确定。现场拼接支撑两头中心线的偏心度控制在2cm之内。油顶缓慢对钢管支撑施加预应力至预定值，在活络端安设钢楔块，并楔紧。活络头错开设置，即水平、垂直方向均错开设置。预应力施加中，必须严格按照设计要求分步施加预应力，先预加至50％～80％预应力，检查螺栓、螺母、焊接情况等，无异常情况后，再施加第二次预应力，达到设计要求。

030807 钢筋混凝土支撑

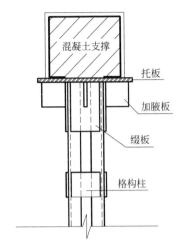

混凝土支撑与支承柱连接节点（一）

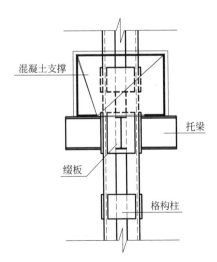

混凝土支撑与支承柱连接节点（二）

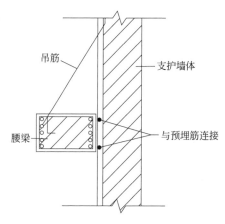

桩身处钢筋混凝土腰梁的固定　　　　钢筋混凝土支撑施工现场

施工顺序

　　测量定位→土方开挖至支撑底标高→钢筋绑扎→支设模板→浇筑混凝土→养护→拆模→土方开挖。

工艺说明

　　腰梁与支撑整体浇筑，在平面内形成整体。腰梁通过桩身预埋筋和吊筋加以固定。混凝土腰梁的截面宽度要不小于支撑截面高度；腰梁截面水平向高度由计算确定。腰梁与围护墙间不留间隙，完全密贴。支撑受力钢筋在腰梁内锚固长度不小于 $30d$（d 为钢筋直径）。要待支撑混凝土强度达到不小于80%设计强度时及基坑监控量稳定后，才允许开挖支撑以下的土方。支撑如穿越外墙，要设止水片。在浇筑地下室结构时如要换撑，亦需底板、楼板的混凝土强度达到不小于设计强度的80%并且基坑监控量稳定以后才允许换撑。

030808 测量定位

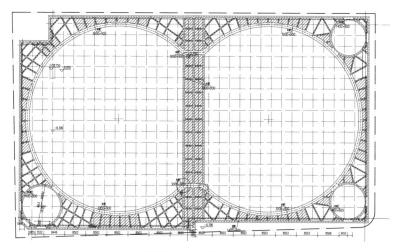

钢筋混凝土支撑平面布置图

工艺说明

　　土方开挖前，需依据钢筋混凝土支撑平面图，放出土方边坡线，定位土方开挖区域。坡底线要考虑留出施工工作面位置。支撑梁的定位可采用全站仪进行测设，因支撑梁大多不在轴线上且角度多变，不建议采用经纬仪。

030809 土方开挖

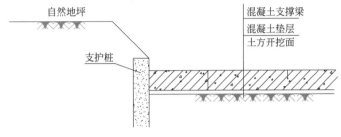

土方开挖施工示意图

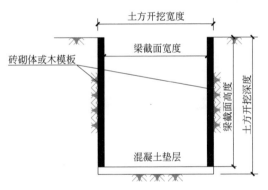

抽条开挖支撑梁截面示意图

工艺说明

　　当支撑梁区域内土方大面积开挖时，要严格控制坑底标高和坑底边界线。当采用抽条式土方开挖时，需要精确定位支撑梁位置，放出支撑梁土方开挖边线。如需放坡开挖，还需放出放坡线。机械开挖时，坑底土方需人工进行清理，整平。

030810 钢筋绑扎

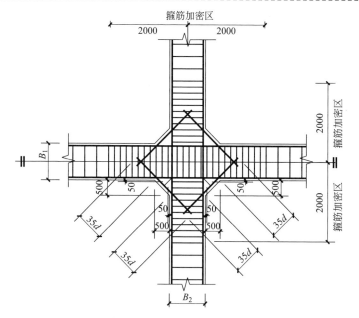

支撑梁十字交叉钢筋示意图

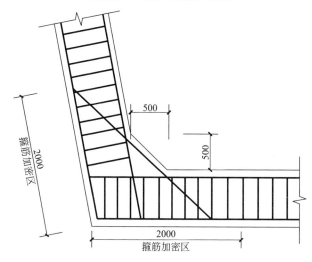

支撑梁斜向交叉钢筋示意图

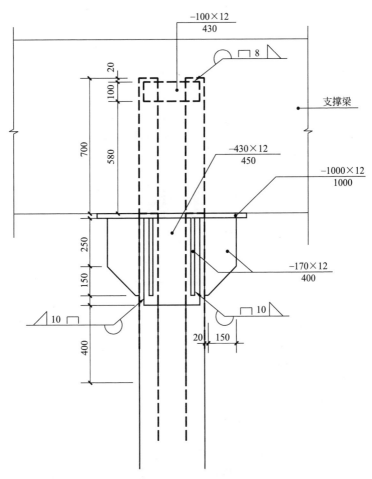

格构柱梁底焊接托板示意图（一）

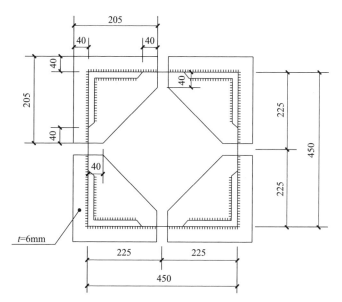

注：图中尺寸仅为示意尺寸，实际施工中以图纸为准

格构柱梁底焊接托板示意图（二）

工艺说明

（1）支撑梁钢筋绑扎前，要对格构柱与支撑梁的连接部位进行处理。格构柱锚入梁内尺寸要符合设计要求，且在梁底焊接钢托板。（2）钢筋绑扎时严格按照图纸要求施工，注意加密区域箍筋设置，局部梁与梁相交处需进行加腋处理，增强支撑体系的稳定性。

030811 支设模板

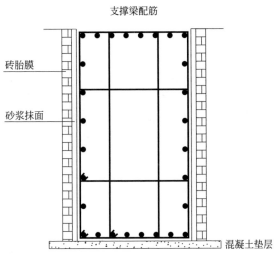

支撑梁配筋

砖胎膜

砂浆抹面

混凝土垫层

砖胎膜模板示意图

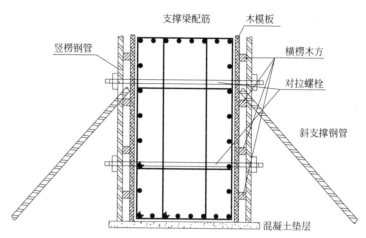

开挖至坑底模板支设示意图

工艺说明

依据支撑体系土方开挖的方式不同可选择不同的模板支设形式。目前，应用较多的有两种方式：一种是砌筑砖胎膜的方式，另一种是开挖至梁底，利用木模板和脚手架、木方等支设模板。木模板支设时，依据支撑梁截面尺寸大小，设置2道或多道对拉螺栓，必要时可设置钢管斜支撑。

030812 混凝土浇筑

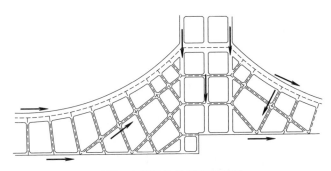

混凝土支撑梁浇筑顺序示意图

工艺说明

　　钢筋混凝土支撑沿基坑四周布置，施工区域面积较大，通常分多次进行浇筑。每次混凝土浇筑前，对将要施工区域确定混凝土浇筑顺序。混凝土梁截面高度较大时，要分层进行浇筑，并及时振捣混凝土。混凝土浇筑分层厚度，不超过振捣器作用部分长度的1.25倍。

　　混凝土浇筑完成后，及时进行保湿养护。保湿养护可采用洒水、覆盖、喷涂保护剂等方式。混凝土养护时间通常情况下不小于7d。

030813 土方开挖

钢筋混凝土支撑梁下层土方开挖施工现场

工艺说明

　　进行土方开挖前，必须对钢筋混凝土支撑进行强度检测，支撑混凝土强度达到不小于80%设计强度时及基坑监控量测稳定后，才允许开挖支撑以下的土方。

　　目前，深基坑工程运用得越来越多，基坑都会设置多道钢筋混凝土支撑体系。下道钢筋混凝土支撑施工可重复此施工工序。但是随着基坑深度越来越深，土方开挖时，要严格监测基坑变形情况，一旦出现变形异常情况，立即停止土方开挖。

030814 钢筋混凝土支撑静力胀裂剂拆除

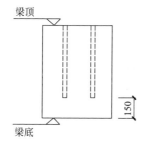

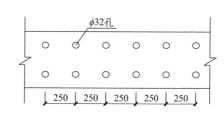

梁面钻孔示意图

施工顺序

　　施工准备→搭设操作平台→破除内支撑梁面钢筋保护层→切割梁面密集纵筋及箍筋→定打孔位置→梁面钻孔→清孔→装入胀裂剂→破碎→钢筋切割→残渣吊运→拆撑完毕。

工艺说明

　　破除梁面钢筋保护层，使所有梁面钢筋外露。采用氧气、乙炔火焰切割梁面密集纵筋，测量放线，确定打孔位置。风动凿岩机在梁顶面按要求进行打孔，孔径 $\phi32$，孔距 20～25cm，孔位遇到钢筋时，可适当调整孔位，孔深钻至梁底面上15cm即可停止，切忌将孔钻穿。清孔完成后，即向孔内装膨胀剂。孔内装药量装至离梁顶面5cm即可，待完成化学反应将混凝土胀裂。对于同一标高多道内支撑梁装药顺序为先外后内，对同一直线上多跨度梁装药顺序为先装梁跨中部分，再装梁两端。

030815 搭设操作平台

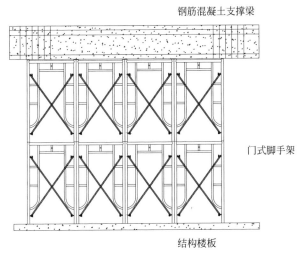

钢筋混凝土支撑梁

门式脚手架

结构楼板

门式脚手架体搭设示意图

工艺说明

　　混凝土支撑拆除时，一般属于高处作业，需要搭设操作平台。操作平台搭设可以采用脚手管搭设，也可以用门式脚手架拼接。架体沿混凝土梁全长搭设，高度搭设到混凝土梁底部，上面铺设脚手板。

030816 破除支撑梁面筋保护层

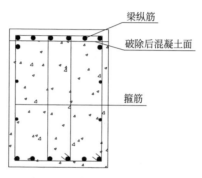

梁面钢筋保护层破除示意图

工艺说明

　　钢筋混凝土支撑梁配筋较密，不利用钻孔施工，因此需要破除支撑梁面筋保护层，将支撑梁箍筋及纵筋剔凿出来，方便割除。梁面钢筋保护层厚度一般在 35mm 左右，可人工用风镐进行破除。混凝土破除时，注意施工安全，施工区域下方设置隔离带，防止飞溅的混凝土块伤人。

030817 切割梁面密集纵筋及箍筋

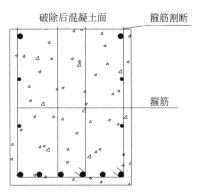

割除钢筋后梁截面示意图

工艺说明

钢筋割除采用气焊切割的方法，对裸露的箍筋及梁纵筋贴着混凝土面进行切割。纵筋分段进行切割，切割的钢筋及时运输到地面上，集中堆放。

030818 钻孔

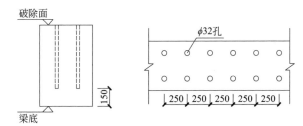

梁面钻孔示意图

工艺说明

　　钢筋割除后，在梁面进行测量放线，定位出打孔位置。然后用风动凿岩机进行钻孔。孔径 $\phi32$，孔距 20～25cm，孔位遇到钢筋时，可适当调整孔位，孔深钻至梁底面上 15cm 即可停止，严禁将孔钻穿。支撑梁截面宽度过宽时，需增加一排钻孔，每排钻孔之间的间距以不超过 25cm 为宜。

030819 装入胀裂剂

往钻孔内添加胀裂剂施工现场

工艺说明

装入胀裂剂前，要对钻孔进行清孔，将孔内混凝土残渣清理干净。胀裂剂的调配由专业的施工单位进行施工，按照合理的配比进行调制。调制完成后，由工人往每个钻孔内灌入胀裂剂。

胀裂剂是将一种含有钼、镁、钙、钛等元素的无机盐粉末状静态破碎剂，用适量水调成流动状浆体，直接灌入钻孔中，经水化反应，使晶体变形，随时间的增长产生巨大膨胀压力（径向压应力和环向拉应力），缓慢地、静静地施加给孔壁，经过一段时间后达到最大值，将混凝土胀裂、破碎。

030820 残渣清理及钢筋切割

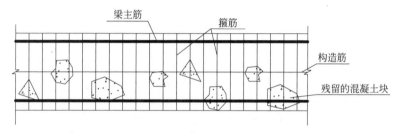

胀裂后支撑梁示意图

工艺说明

  胀裂剂发生作用后，支撑梁混凝土会碎裂掉落，未掉落的混凝土小块，可在切割梁钢筋时，人工进行清除。钢筋切割的顺序：由跨中向两侧，由基坑里侧逐步向基坑侧的顺序进行施工。梁钢筋切割完成后，再进行支撑梁下钢构柱的切割拆除。钢筋切割过程中，分段进行切割，集中堆放，最后统一吊运。

030821 支撑与围护结构连接

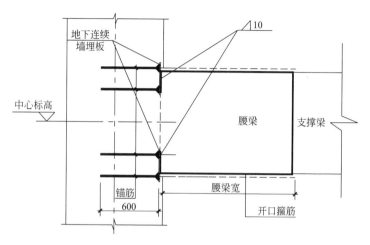

腰梁与地下连续墙连接示意图

内支撑通过腰梁与地下连续墙连接施工现场

工艺说明

无论是混凝土支撑还是钢支撑，它们与围护结构一般通过腰梁连接，以实现应力最大化均匀分布。

030822 混凝土支撑底部模板

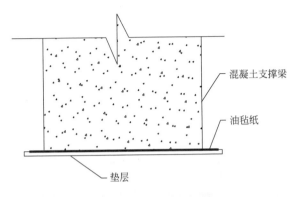

混凝土支撑梁

油毡纸

垫层

混凝土支撑底部模板示意图及施工现场

工艺说明

内支撑施工是伴随着土方开挖进行的，内支撑的底部模板一般是在土上施工垫层，在垫层上再铺设油毡纸作为混凝土支撑的底部模板。

030823 钢筋混凝土支撑机械拆除

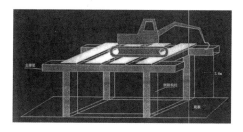

钢筋混凝土支撑机械拆除示意图

钢筋混凝土支撑机械拆除施工现场

施工顺序

搭设临时钢支撑→施工机械进场→道板平台吊至支撑梁上→机械就位→支撑系统破除→切割钢筋→人工回收废钢筋→碎渣归堆→清渣装车→装车外运。

工艺说明

将预先制作好的钢架道板利用起重机吊至将要拆除的基坑内支撑梁上，其排放位置应在液压破碎锤吊运进场处，每台机械使用的多条道板应摆放紧凑、稳妥，保证液压锤机械在上行走运行时安全稳定。液压锤机可自行周转履带下方的钢架道板，将行进方向后方的道板移至前方，铺放稳妥后向前行进。

030824 竖向混凝土板撑

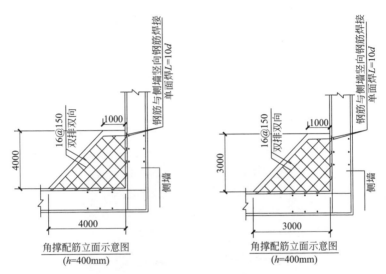

竖向混凝土板撑钢筋分布和与结构连接立面图

竖向混凝土板撑示意图

竖向混凝土板撑施工现场

施工顺序

底板施工→部分侧墙施工→拆除钢支撑、钢围檩→施工侧墙至混凝土竖向板撑下方→混凝土板撑钢筋绑扎→异型模板架设→混凝土浇筑与养护。

第九节 ● 锚杆

030901 拉力型预应力锚杆

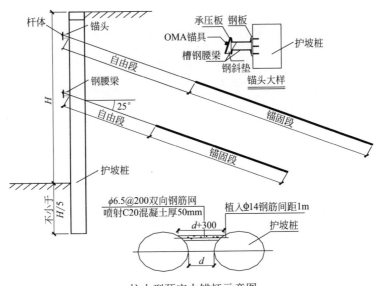

拉力型预应力锚杆示意图

拉力型预应力锚杆施工现场

施工顺序

　　钻机就位→钻机成孔→下锚索→注浆→养护→安装钢腰梁→安装锚具→张拉锁定。

工艺说明

　　具体锚杆数量、直径、长度、位置、锚索张拉设计值及锁定值、嵌固深度由设计确定。拉锚可以与排桩相结合，也可以与土钉墙相结合。孔位允许偏差不大于±50mm，偏斜度不大于±1°，锚杆杆体长度允许偏差＋100mm、－30mm。锚固段强度达到设计强度的75%且不小于15MPa，方可进行张拉。锚杆锚在桩间时，通过型钢腰梁将锚固力传递给桩身。拉力型预应力锚杆适用于硬岩、中硬岩或锚杆承载力要求较低的土体工程。

030902 压力型预应力锚杆

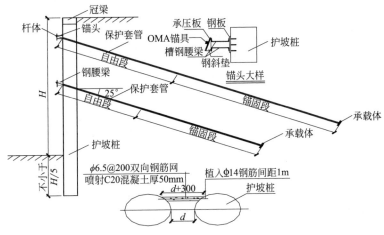

压力型预应力锚杆示意图

压力型预应力锚杆施工现场

施工顺序

钻机就位→钻机成孔→下锚索→注浆→养护→安装钢腰梁→安装锚具→张拉锁定。

工艺说明

具体锚杆数量、直径、长度、位置、锚索张拉设计值及锁定值、嵌固深度由设计确定。拉锚可以与排桩相结合，也可以与土钉墙相结合。孔位允许偏差不大于 50mm，偏斜度不大于 3%，锚固段强度达到设计强度的 75% 且不小于 15MPa，方可进行张拉。锚杆锚在桩间时，通过型钢腰梁将锚固力传递给桩身。压力型预应力锚杆适用于锚杆承载力要求较低或地层腐蚀性环境恶劣的岩土工程。

030903 锚杆钢腰梁与围护桩连接节点

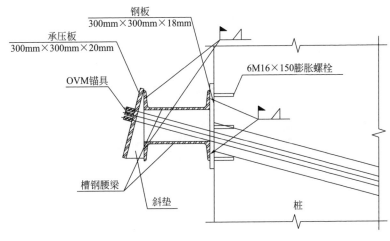

连接节点示意图

工艺说明

（1）锚具用 OVM 型（包括夹片、锚板、锚垫板等成套产品）。（2）承压板尺寸 300mm×300mm×20mm，钢板采用 300mm×300mm×18mm，材质 Q235 钢板。（3）槽钢腰梁根据设计计算确定规格。（4）外锚头（垫板、锚具等）除锈、清洁后刷一遍防锈漆。

030904 桩间土支护

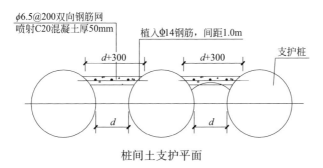

桩间土支护平面

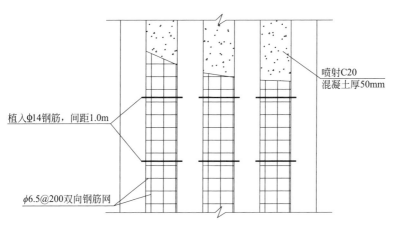

桩间土支护立面

工艺说明

（1）桩间土面层喷射混凝土厚度 50mm。（2）桩间土挂钢筋网，钢筋网双向 $\phi6.5@200$，喷射 C20 混凝土进行支护，桩间支护按 1.0m 布设加强筋。应及时支护，避免桩间及边坡土垮塌。（3）桩间土面层须设置泄水孔，竖向间距 2.0m，水平间距同桩间距。

030905 高压喷射扩大头预应力锚杆

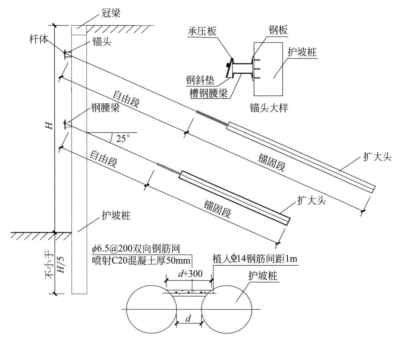

扩大头拉力型预应力锚杆示意图

扩大头拉力型预应力锚杆施工现场

施工顺序

　　钻机就位→钻机成孔→放入喷管→高压水扩孔→高压旋喷桩施工→下锚索→高压注浆→二次劈裂注浆→养护→安装钢腰梁→安装锚具→张拉锁定。

工艺说明

　　拉锚可以与排桩相结合，也可以与土钉墙相结合。

　　孔位允许偏差不大于 50mm，偏斜度不大于 3%，锚固段强度达到设计强度的 75% 且不小于 15MPa，方可进行张拉。锚杆锚在桩间时，通过型钢腰梁将锚固力传递给桩身。高压旋喷扩大头锚索适应性强，凡能施工普通锚索就能施工高压旋喷扩大头锚索，有些情况下施工普通锚索有困难，也能施工扩大头锚索。

第十节 · 与主体结构相结合的基坑支护

031001 周边临时围护体结合坑内水平梁板体系替代支撑

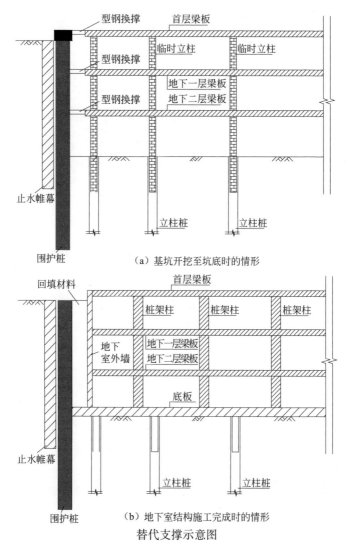

（a）基坑开挖至坑底时的情形

（b）地下室结构施工完成时的情形

替代支撑示意图

替代支撑施工现场

工艺说明

　　此支撑体系总体而言采用逆作法施工，适用于面积较大、挖深为 10m 左右的超高层建筑的深基坑工程。施工流程：首先施工主体工程桩和立柱桩，其间可同时施工临时围护体；然后周边留土、基坑中部开挖第一层土，之后进行地下首层结构的施工，并在首层水平支撑梁板与临时围护体之间设置型钢换撑；然后地下二层土开挖，施工地下一层结构，同理设置型钢换撑，其间可同时施工地上一层结构；开挖基坑中部土体至坑底并浇筑基坑中部的底板；开挖基坑周边的留土并浇筑周边底板，其间可同时施工地上的二层结构；最后施工地下室外墙，并填实空隙，至此即完成了地下室工程的施工。

031002 支护结构与主体结构全面相结合

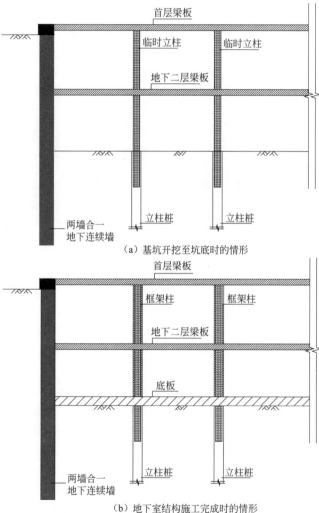

（a）基坑开挖至坑底时的情形

（b）地下室结构施工完成时的情形

支护结构与立体结构全面相结合示意图

支护结构与主体结构全面相结合施工现场

工艺说明

　　支护结构与主体结构全面相结合，即围护结构采用"两墙合一"的地下连续墙，既作为基坑的围护结构又作为地下室的外墙；地下结构的水平梁板体系替代水平支撑；结构的立柱和立柱桩作为竖向支承系统。

　　支护结构与主体结构全面相结合的总体设计方案一般采用逆作法施工。其一般流程为：首先施工地下连续墙、立柱和工程桩；然后进行土方开挖，施工地下一层梁板，并预留出土口。通过出土口进行下一步土方开挖，以及下一层结构施工，直至基坑施工完毕。在地下室施工阶段，上部结构可同步施工。

第十一节 • CSM工法（双轮铣深层搅拌工法）止水帷幕

031101 双轮铣深层搅拌工法

双轮铣深层搅拌成墙示意图与喷浆施工现场

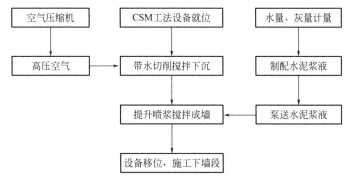

双轮铣深层搅拌工法施工流程图

工艺说明

　　双轮铣深层搅拌水泥土地下连续墙基坑止水帷幕施工工法，结合现有液压铣槽机和深层搅拌技术，其主要原理是通过钻杆下端的一对液压铣轮，对原地层进行铣、销、搅拌，同时掺入水泥浆固化液，与被打碎的原地基土充分搅拌混合后，在水泥硬结前按照设计间距插入 H 型钢作为加强材料，待水泥土硬结后形成一道具有一定刚度、强度和具有良好止水性能的等厚度型钢水泥土复合挡土墙。配以适当的内部支撑结构或外部拉锚结构，快速形成安全可靠的基坑支护体系。导杆式双轮铣深层搅拌设备可以削掘搅拌深度达 60m，悬吊式双轮铣深层搅拌设备削掘搅拌深度可达 100m。双轮铣深层水泥土搅拌工法主要应用于稳定软弱和松散土层，砂性与黏性土、碎石土、卵砾石土、强风化岩等地层。

031102 施工顺序及套铣搭接宽度

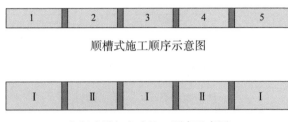

顺槽式施工顺序示意图

往复式跳打方式施工顺序示意图

工艺说明

对于一般地层，成墙深度小于20m时，可采用顺槽式，顺墙体轴线在已完成的一幅墙体后接着套铣新一幅墙体，套铣宽度视深度而定。对于复杂地层，成墙深度大于20m时，采用往复式跳打方式，在完成了顺墙体轴线一期墙体后再回复铣削已具有一定硬度的一期墙体，进行二期造墙施工。

双轮铣削水泥土搅拌墙工法施工铣削搭接宽度应根据成墙深度、地质条件、周边环境复杂程度进行调整，具体根据试验确定，但不应小于等于300mm。

031103 双轮铣钻杆下沉、提升

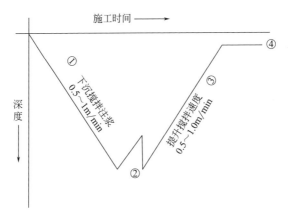

双轮铣钻杆下沉、提升时间与速度控制

工艺说明

　　成墙采用两喷两搅施工工艺，钻杆在下沉和提升时均需注入水泥浆液，对含砂量大的土层，视情况在搅拌桩底部2～3m范围内上下重复喷浆搅拌一次。为保证浆液与加固土体均匀拌合，应按照0.5～1m/min的速度进行钻杆下沉，钻杆下沉至设计标高后，应继续搅拌并喷浆5～6min，使墙底土体与水泥浆液充分拌合，然后铣轮反向转动，并以0.5～1.0m/min的速度提升钻杆，至桩顶设计标高后再关闭注浆泵。钻杆提升与下沉过程浆液注入应连续进行，不得间断。

第十二节 • TRD 工法（等厚度水泥土地下连续墙工法）止水帷幕

等厚度水泥土地下连续墙工法

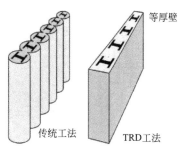

等厚度水泥土墙成槽施工现场　　传统 SMW 工法与 TRD 工法对比图

工艺说明

　　等厚度水泥土地下连续墙工法，简称 TRD 工法。其基本原理是利用链锯式刀具箱竖直插入地层中，然后做水平横向运动，同时由链条带动刀具做上下的回转运动，搅拌原位土体并灌入水泥浆，形成一定厚度的墙，然后在水泥硬结前按照设计间距插入 H 型钢作为加强材料，待水泥土硬结后形成一道具有一定刚度和强度型钢水泥土复合挡土墙。

　　该工法施工深度可达 60 多米（砂土层），成墙壁厚550～850mm。适应地层广，对硬质地层（硬土、砂卵砾石、软岩石等）同样适用。

　　TRD 工法施工工艺包括切割箱自行打入挖掘工序、水泥土搅拌墙建造工序、切割箱拔出分解工序。

031202 切割箱成槽

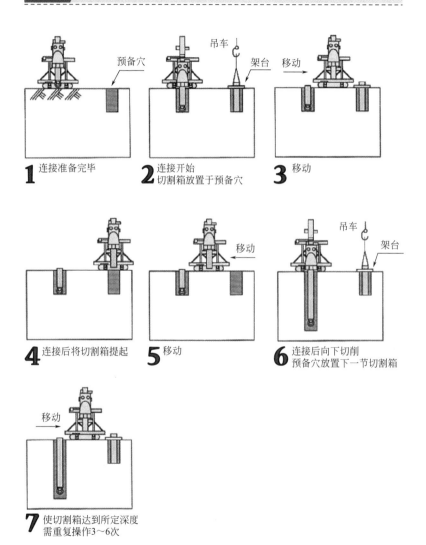

切割箱成槽施工流程示意图

工艺说明

（1）用指定的履带式起重机将切割箱逐段吊放入预埋穴，利用支撑台固定；TRD主机移动至预备穴位置连接切割箱，主机再返回预定施工位置进行切割箱自行打入挖掘工序。（2）切割箱自行打入到设计深度后，安装测斜仪。通过安装在切割箱内部的多段式测斜仪，可进行墙体的垂直精度管理，通常可确保1/250以内的精度。（3）切割箱自行打入时，在确保垂直精度的同时，将挖掘液的注入量控制到最小，使此阶段的混合泥浆处于高浓度、高黏度状态，以便在复杂地层条件下应对地层变化。

031203 三循环水泥土搅拌墙施工方法

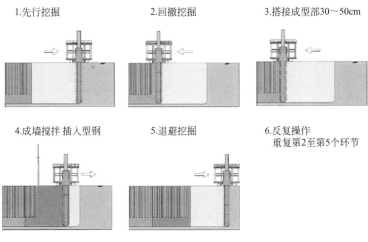

1.先行挖掘　　　　　　2.回撤挖掘　　　　　　3.搭接成型部30～50cm

4.成墙搅拌 插入型钢　　5.退避挖掘　　　　　　6.反复操作
　　　　　　　　　　　　　　　　　　　　　　　重复第2至第5个环节

三循环水泥土搅拌墙施工流程示意图

工艺说明

　　水泥土搅拌墙建造工序包括一循环方法和三循环方法。三循环方法包括先行挖掘、回撤挖掘、成墙搅拌，即锯链式切割箱钻至预定深度后，首先注入挖掘液先行挖掘一段距离，然后回撤挖掘至原处，再注入固化液向前推进搅拌成墙。（1）先行挖掘。前一天的成墙结束时，切割箱在先行退避的挖掘位置上进行养护。若切割箱能顺利启动及切边时，则可按照正常的操作流程进行施工，但遇到深度大的砂石土层时，切割箱的启动、切削可能无法顺利进行。这时，应迅速调整挖掘液的配方，以便切割箱能顺利启动并切削。深厚黏土、砂质土及卵砾石层中的先行挖掘横向推进速率宜控制在 $0.25\sim0.5\mathrm{m/h}$，刀排切削速度宜选择 $69.0\mathrm{m/min}$（四挡）。（2）回撤挖掘。切割箱先行挖掘结束后，将切割箱回撤挖掘至前一天成型完工的位置。此时，挖掘液的排放可产生额外的置换土，应尽可能地控制挖掘液的排放。当天再挖掘（搭接挖掘）前一天已成型的水泥土搅拌墙部分约20cm。（3）固化搅拌成墙。固化液拌制采用 P·O42.5 级普通硅酸盐水泥，每立方米被搅拌土体掺入不小于25%的水泥，即每立方米土掺入 450kg 水泥，水灰比 $1.0\sim1.5$。采用固化液与原状土混合搅拌时，在指定的水平延长区间范围内，一边排放计划量的固化液，一边高速旋切切割链锯使切割箱横移来进行混合搅拌。成型搅拌至当天预定的位置后，挖掘至预定的养生区。与回撤挖掘时一样，尽量把挖掘液的排放量控制在最小范围。

031204 一循环水泥土搅拌墙施工方法

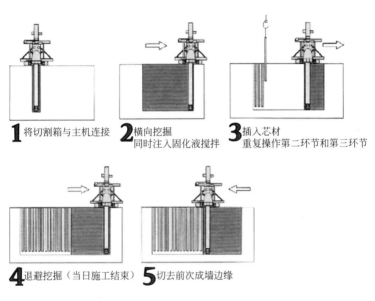

1 将切割箱与主机连接　　**2** 横向挖掘
　　　　　　　　　　　　　　同时注入固化液搅拌　　**3** 插入芯材
　　　　　　　　　　　　　　　　　　　　　　　　　重复操作第二环节和第三环节

4 退避挖掘（当日施工结束）　　**5** 切去前次成墙边缘

一循环水泥土搅拌墙施工流程示意图

工艺说明

　　一循环方法是切割箱钻至预定深度后即开始注入固化液
向前推进挖掘搅拌成墙。

031205 切割箱拔出

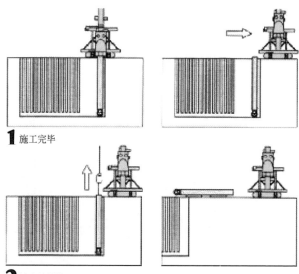

1 施工完毕

2 拔出切割箱

切割箱拔出施工流程示意图

工艺说明

  暂停施工时，应将切割箱退避水泥浆固化段，进行养生，当施工完毕时，将切割箱拔出。（1）先行退避挖掘，切割箱养护。当到达预定的位置后，注入挖掘液同时挖掘地基土，使之处于松软状态。当天的操作结束时，将切割箱置于前后已被软化的含有砂石的混合泥浆中养生，在长时间停机过程中防止切割箱被"抱钻"。（2）切割箱拔出分割工序。通常切割箱的拔出操作，是在墙体成型工序的挖掘、注入、混合搅拌结束后，立即将主体与切割箱进行分离，用指定的吊车拔出切割箱。根据切割箱的长度、吊车起吊能力以及操作半径（操作空间），将切割箱分割成2~3段做临时支撑，然后再进行拔出作业。为了防止拔出切割箱引起固化液混合泥浆的液面降低，边调整固化液的填充注入速度，边拔出切割箱。

第十三节 ● PC组合桩支护

031301 / PC组合桩

φ630×14PC工法组合钢管桩

PC组合桩构造示意图

PC组合桩支护施工现场

工艺说明

　　PC组合桩是由钢管桩与拉森钢板组合而成，是在钢管桩上焊接企口，通过钢管桩锁口与拉森钢板桩锁口相互嵌锁呈弧形状搭接，使钢管桩与拉森钢板桩组合连接在一起，形成一个整体的具有一定强度、刚度和止水功能的钢质连续墙体组合结构。

031302 钢管桩沉桩

钢管桩沉桩施工现场

工艺说明

　　打桩前，将桩尖处的凹槽底口封闭，避免泥土挤入，锁口涂黄油或其他油脂。打桩时，先用履带式全液压全回转长臂振动锤将钢管桩立起，底部对准放样的桩中心线插入地面。通过2台经纬仪观测，调整垂直度后开始打桩，打入土体50～100cm后，用2台水准仪再次校核桩身垂直度，直到桩身垂直度符合规范要求。在桩身打入土中3m后，若出现规范允许的偏差值，则应拔出重新插入。

031303 拉森钢板桩沉桩

拉森钢板桩沉桩施工现场

工艺说明

　　钢管桩沉桩至设计标高后，长臂振锤吊起拉森钢板桩，对准钢管侧壁的连接锁口，振动下沉，在排桩轴线方向同时校正垂直度和拉森钢板桩的中心线，满足设计要求后振动下沉至设计标高。钢管桩和钢板桩交替沉桩，直至所有桩施工完成。

031304 压顶梁施工

压顶梁钢筋施工现场

工艺说明

　　PC 工法桩施工完成后，先用人工配合机械清理沟槽中的松土并整平。钢筋绑扎按照施工图纸进行施工。模板采用 15mm 厚的木模板，尺寸、规格、平整度、强度、稳定性均满足要求。

第十四节 • 钢格构斜向支撑桩

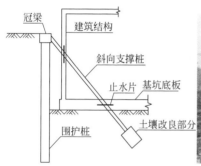

钢格柱斜支撑桩构造示意图

钢格构柱斜支撑桩施工现场

工艺说明

　　在传统排桩支护的基础上，通过向基坑内斜向搅拌植入预制桩体，并在基础底板以下桩体四周通过高压旋喷或强制注浆的方式形成水泥搅拌加固体；最终形成排桩、斜撑桩、基底土体共同抵抗基坑外土压力的三角形稳定支护体系。适用于坑底土壤以粉砂土、黏土等具备一定地基承载力且便于液压送桩的土层，以淤泥质土作为支撑底部承载时须加大搅拌体积及增加支撑桩密度。

031402 钢格构斜桩引孔施工和加固

钢格构斜桩引孔施工现场

施工顺序

施工准备→土方开挖→测量定位，标高控制，复核→反力架施工→滚轮架安装→安装角度调整托架→安装搅拌及推进装置→格构柱焊接并吊装就位→启动搅拌装置（反转缩小搅拌头直径）→启动供浆系统→启动推进系统推进至设计标高→搅拌系统正转扩大搅拌头→供浆搅拌→回收钻杆→下一根桩施工。

工艺说明

钢格构式斜桩采用强制水泥搅拌体引孔施工和加固，强制水泥搅拌体钻孔前按图放线定位，钻孔定位误差小于50mm，孔斜误差小于3°，桩径偏差不大于50mm。搅拌钻杆的钻进和提升速度不大于0.5m/min，误差不大于±10cm/min。

斜向强制搅拌体注浆材料采用P·O42.5级水泥，水泥掺入量为35%，空搅减半，水灰比0.5～0.7，水泥浆应拌合均匀，随拌随用，一次拌合的水泥浆应在初凝前用完。

第十五节 • 其他支护形式

031501 土钉端头焊接钢板加大端头承载力节点

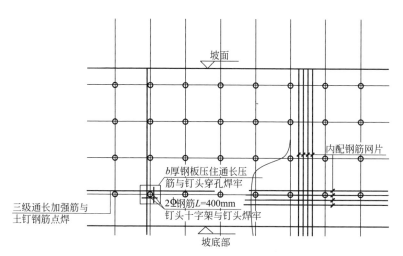

坡面

内配钢筋网片

b厚钢板压住通长压
筋与钉头穿孔焊牢

三级通长加强筋与
土钉钢筋点焊

2Φ钢筋L=400mm
钉头十字架与钉头焊牢

坡底部

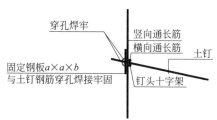

穿孔焊牢

竖向通长筋
横向通长筋

土钉

固定钢板a×a×b
与土钉钢筋穿孔焊接牢固

钉头十字架

土钉端头焊接钢板示意图

施工顺序

    土方第一步修整→修边坡→土钉成孔→土钉制作→安放土钉→注浆→绑扎钢丝网→土钉墙压筋焊接→焊接钢筋与钢板→设置混凝土喷射厚度标识→喷射混凝土→养护→（进行下一步开挖）。

工艺说明

    采用土钉墙边坡支护时由于土钉端头承载力不足，在破坏时出现端头破坏的滑坡，这不符合强节点的要求。本工艺土钉墙端节点采用焊接钢板（钢板 $a \times a \times b$ 中间冲孔）和焊接钢筋（钢筋采用三级钢，长度 400mm）以加大端头承载力。

横、竖向加强筋焊接

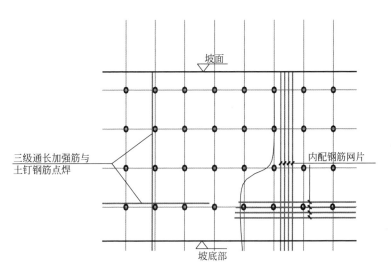

横、竖向加强筋焊接示意图

工艺说明

　　钢筋网片绑扎完成后，沿整排土钉外露端头焊接加强筋，加强筋采用 2 根横、竖向方向通长的 ϕ16 三级钢，压紧钢筋网片并与土钉端头上、下焊接牢固。

031503 井字筋焊接

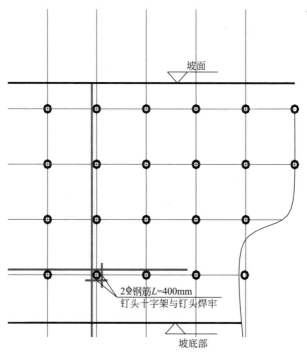

井字筋焊接示意图

工艺说明

　　钢筋网片绑扎完成，沿整排土钉外露端头焊接 2 根横、竖方向通长的加强筋后，再用 2 根较短钢筋（长度 400mm），以井字式压紧加强筋后与土钉钉头焊接牢固。

031504 加强钢板焊接

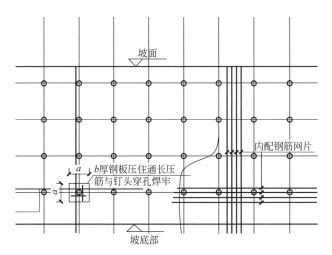

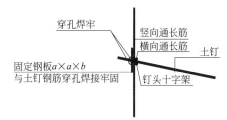

加强钢板焊接示意图

工艺说明

　　铺设、绑扎面层钢筋网，在土钉端部横、竖向两侧沿土钉长度方向焊上通长钢筋及井字筋后，与面层内连接相邻土钉端部的通长加强筋互相焊接。土钉穿过钢板上预留孔，与钢板焊接牢固。

第四章　地下水控制

第一节 ● 降水与排水

040101 轻型井点降水

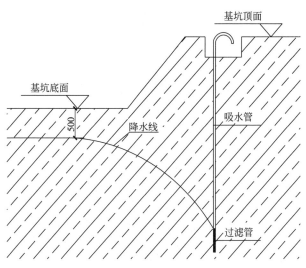

轻型井点降水示意图

基坑顶面

基坑底面

500

降水线

吸水管

过滤管

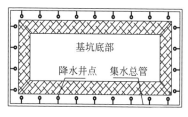

管井环形布置

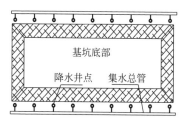

管井对称布置

工艺说明

　　轻型井点降水管井布设，当基坑面积较小时，可以在基坑边隔一定间距单排布置管井；当基坑面积较大时，可沿基坑周圈隔一定间距设置环形管井。井点管底部设置滤水管插入透水层，上部接软管与集水总管进行连接，集水总管为 $\phi150$ 钢管，周身设置与井点管间距相同的 $\phi40$ 吸水管口，然后通过真空吸水泵将集水管内水抽出，从而达到降低基坑四周地下水位的效果，保证基底的干燥无水。

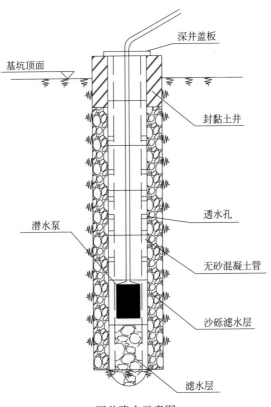

深井降水示意图

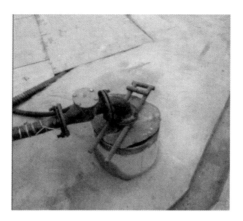

深井降水施工现场

工艺说明

　　深井降水又称大口径井点，系由滤水井管、吸水管和抽水设备等组成。具有井距大，易于布置，排水量大，降水深（＞15m），降水设备和操作工艺简单等特点。一般直径为400～600mm。当基坑面积较小时，可以在基坑边隔一定间距打口深井；当基坑面积较大时，可在基坑内隔一定间距设置深井。深井管底部设置透水层，将抽水泵放入深井内，将地下室水抽出，从而达到降低基坑四周地下水位的效果，保证基底的干燥无水。

040103 观察井

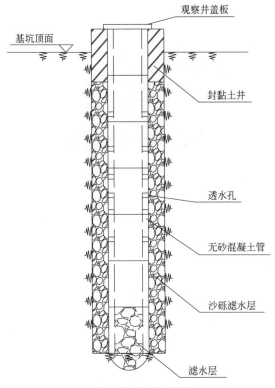

观察井盖板

基坑顶面

封黏土井

透水孔

无砂混凝土管

沙砾滤水层

滤水层

地下水位观察井示意图

地下水位观察井施工现场

工艺说明

　　基坑降水的时候，在基坑边打几口地下水位观察井，用于观察地下水位变化情况。应在降水开始前观测一次自然水位，降水开始后10d内，每天早晚各观测一次，以后每天观测一次，并做好记录。

040104 局部降水（水量较小）

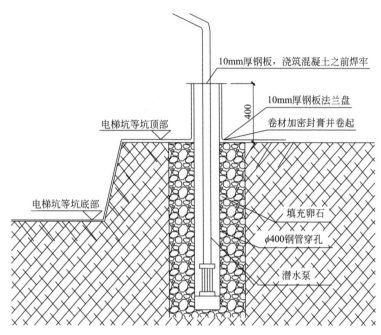

10mm厚钢板，浇筑混凝土之前焊牢

10mm厚钢板法兰盘

卷材加密封膏并卷起

400

电梯坑等坑顶部

电梯坑等坑底部

填充卵石

ϕ400钢管穿孔

潜水泵

局部降水示意图

工艺说明

　　一般在基坑开挖中局部有开挖深度更深的，如电梯坑、集水坑等，由于其开挖深度较深，可能出现积水无法排出，影响防水施工时，可在坑的侧壁上设置深井降水，以降低坑底部地下水位，保证电梯坑、集水坑等基坑干燥方便施工。在底板混凝土浇筑前，拔出水管，灌注微膨胀混凝土和堵漏灵后焊死管口。注意埋管位置应避开地梁等钢筋密列处，并处理好防水，确保不渗漏。

040105 局部降水（水量较大）

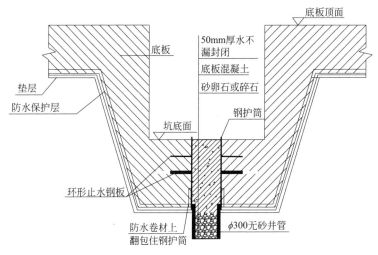

局部降水（水量较大）

底板顶面

底板

垫层

防水保护层

50mm厚水不漏封闭

底板混凝土

砂卵石或碎石

钢护筒

坑底面

环形止水钢板

防水卷材上翻包住钢护筒

φ300无砂井管

坑底部降水施工现场

工艺说明

当基坑底部水量较大时，可以采用集水坑内置降水井的方法，同时降水井宜设在深挖坑边，可避免封井及防水处理困难。在基础底板施工的同时进行抽水，浇筑完底板混凝土后采用微膨胀堵漏剂＋灌浆料＋水玻璃进行降水井的封堵。当基坑水位不高的情况下，可以不用井点降水，直接采用集水坑内置降水井的方法持续降水。

040106 筏板降水井

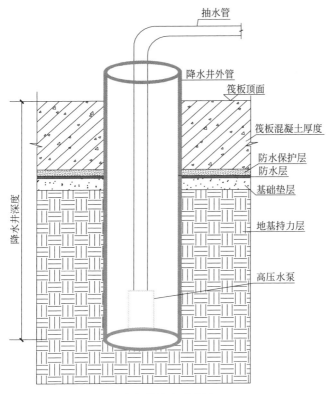

降水井抽水示意图

抽水管

降水井外管
筏板顶面
筏板混凝土厚度
防水保护层
防水层
基础垫层
地基持力层
高压水泵

降水井深度

降水井设置在筏板上施工现场

工艺说明

　　因场地狭小，基坑面积较大时，仅在坑边设置降水井，无法降低基坑内水位，须在坑内设置降水井，结合基坑周边降水井间距（30～40m)，坑内点式设置降水井。深度按地勘报告要求。

040107 筏板降水井封闭

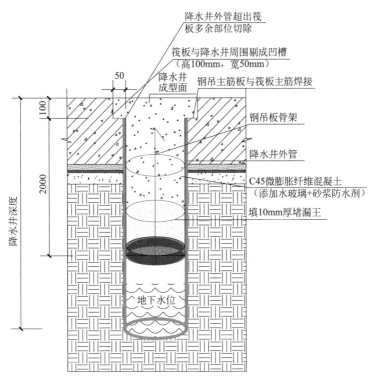

降水井外管超出筏
板多余部位切除

筏板与降水井周围剔成凹槽
（高100mm，宽50mm）

降水井
成型面

钢吊主筋板与筏板主筋焊接

钢吊板骨架

降水井外管

C45微膨胀纤维混凝土
（添加水玻璃+砂浆防水剂）

填10mm厚堵漏王

地下水位

降水井深度

2000

100

50

降水井封闭成型示意图

降水井封闭施工现场

工艺说明

　　降水井封闭采用 3 根一级 φ10 光圆钢筋按 600mm 间距焊接加强箍，同时底部焊接 8mm 厚圆钢板，直径小于降水井口径（5mm）形成一种刚性托板。加工好后托板位置用废旧水泥口袋或密目网围绕圆板一圈便于搁置混凝土，在封闭前迅速拿出抽水管及潜水泵，降水井口以下 2000mm 范围采用快速先填塞微膨胀混凝土＋10mm 堵漏剂＋C45 微膨胀纤维混凝土进行封堵。降水井下部留设自由水位。

040108 明沟排水

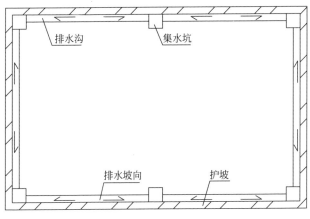

排水明沟

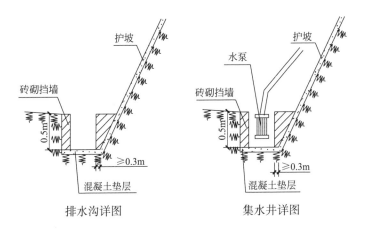

排水沟详图　　　　集水井详图

明沟排水施工现场

工艺说明

　　排水沟布置在基坑两侧或四周，若面积较大的基坑在基坑中间范围也应设置排水沟。集水坑在基坑四角或每隔30～40m设置，坡度宜为1‰～2‰。排水沟宜布置在拟建建筑基础边0.4m以外，集水坑底面应比沟底低0.5m。水泵型号依据水量计算确定。明沟排水应注意保持排水通道畅通。视水量大小可以选择连续抽水或间断抽水。肥槽（地下室外墙或基础墙以外未回填的槽）宽阔时宜采用明沟。

040109　盲沟排水

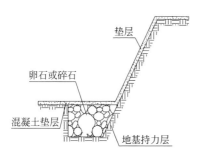

排水盲沟详图

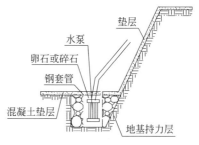

集水井详图

排水盲沟开挖施工现场

排水盲沟填充碎石施工现场

工艺说明

　　排水盲沟设置在电梯井放坡下口线四周，宽300～400mm。深400～500mm。排水沟内埋ϕ150 PVC水管，管壁上打眼，结合场地条件盲沟应尽量远离坡脚。填30～50mm碎石或卵石形成排水盲沟，根据现场实际情况在电梯井下口线避开剪力墙位置设置集水井，集水井长和宽为600mm，深度1000mm，集水井与周边排水盲沟贯通。集水井内安装直径300mm钢套管，钢套管外填30～50mm碎石或卵石，钢管内放置污水泵，将汇聚在集水坑内的水排出。

040110 止水帷幕

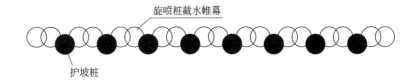

旋喷桩截水帷幕

护坡桩

拟建建筑结构边线　　截水帷幕

止水帷幕示意图及施工现场

施工顺序

　　钻机就位→钻孔和插管→喷射作业→冲洗→移动机具。

工艺说明

　　因场地狭小、周边建筑沉降控制严格、地质水文条件限制或为保护地下水资源而限制施工降水等原因，不适宜采用降排水等措施控制地下水时，应采用截水的控制措施。通常有以下几种形式：桩间压密注浆、水泥搅拌桩墙、注浆帷幕、桩间高压旋喷。其中，桩间高压旋喷止水深度大，施工方便，需要操作面小，止水效果好，应用较为普通。

040111 基坑水平封底

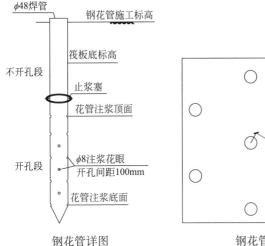

钢花管详图　　　　　　　　　钢花管平面布置图

第二节 • 回灌

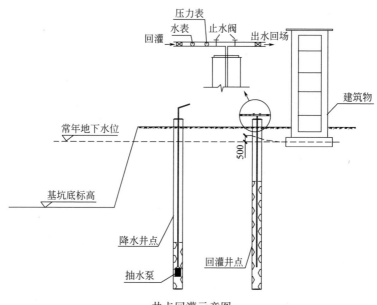

井点回灌示意图

井点回灌施工现场

施工顺序

　　场地平整及相关准备→安装钻机→井点定位→钻机成井→安装PVC→填充滤料→验收→回灌→水位观测。

工艺说明

　　回灌井点的成孔大小、直径、深度，PVC管材质及型号，填充滤料材质、级配等应根据相关专业单位勘察和设计确定。回灌井点的设置位置应在降水井点与保护对象的中间并适当偏向后者；整个透水土层中井管都应设置滤水管，井管上部的滤水管应从常年地下水位以上500mm处开始设置；在回灌井点与需要保护的建筑物之间应设置水位观测井，应根据观测情况及时调整回灌井水数量、压力等，尽量保持抽水和灌水平衡。

第五章　土方

第一节 · 土方开挖

测量控制基准点

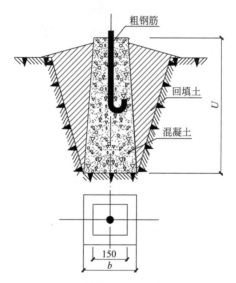

测量控制基准点示意图

工艺说明

（1）有硬路面的控制点做法：用水泥钉直接钉入，并用油漆标识。（2）在土层上基准控制点做法：将直径18～22mm的粗钢筋上端磨平并刻十字线作为标志，下端弯成钩形，浇筑于混凝土中。桩顶尺寸为150mm×150mm，桩底尺寸 b 与埋深 c 根据具体情况决定。

050102 测量放线

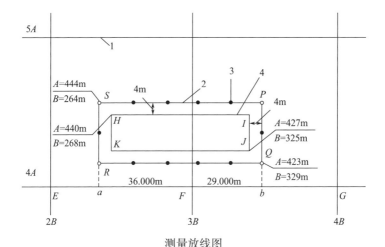

测量放线图

1—建筑方格网；2—厂房矩形控制网；3—距离指标桩；4—厂房轴线

工艺说明

（1）根据建设单位提供的建筑红线、控制桩、水准点和施工图纸，进行开挖测量放线工作，设置测量控制网。基坑开挖范围内所有轴线桩、水准点都要引出机械施工活动区以外和围墙上，并设置涂红白漆的钢管支架加以保护。（2）根据轴线桩、支护施工图纸，测放桩位和基坑开挖边线，并加以保护。（3）测设高程点，并引测到施工现场进行保护。

050103 土方开挖图

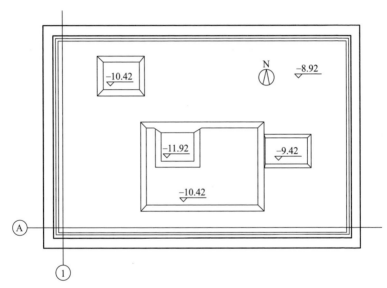

土方开挖示意图

工艺说明

土方开挖前应首先绘制土方开挖图。开挖图要标出基坑上口线、下口线、垫层边线、基础边线、基底标高、深挖部分标高上下口线，以及所有线的平面位置。

050104 标高控制

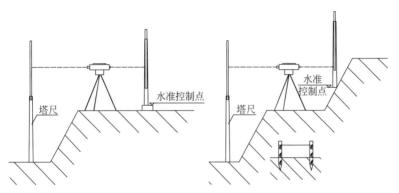

水准控制点

塔尺

水准控制点

塔尺

标高控制示意图

工艺说明

　　土方开挖采用水准仪控制开挖标高。当开挖深度小于塔尺高度时，将水准仪放置在坡边，利用坡上水准控制点进行控制；当开挖深度大于塔尺高度时，将水准仪放置在基坑内，利用护壁上的水准控制点进行控制。最后挖至设计标高前，钉桩挂小线进行清土的标高控制。基坑标高的允许偏差－50mm，长度、宽度允许偏差＋200mm，－50mm，平整度20mm。预留200～300mm原土层。

050105 开挖顺序图（大小步结合）

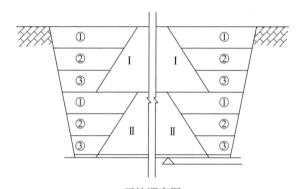

开挖顺序图

注：Ⅰ指第一步大面积挖土，Ⅱ指第二步大面积挖土

工艺说明

　　护坡形式为土钉墙时，通常采用大小步结合开挖方法。以2大步6小步为例绘制。首先，完成3小步的开挖后，再向中心区域完成1大步开挖；然后，按此顺序完成下方的土方开挖，预留300mm土层；最后，人工清至槽底。分层厚度按照现场实际条件和土钉墙的设计方案综合考虑确定。冬期施工必须防止基础下的土遭受冻结，应预留松土或覆盖。

050106 开挖顺序及收坡平台图（大步）

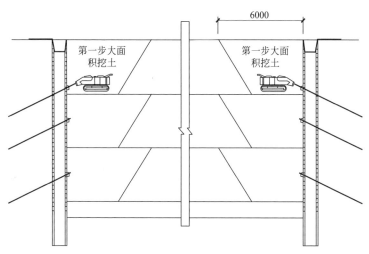

开挖顺序及收坡平台图

工艺说明

　　护坡形式为桩锚结构的通常采用大步开挖方式。开挖时，首先从四周开挖，完成第一步后穿插锚杆施工，逐层下挖，预留300mm原土层，最后人工清土。冬期施工必须防止基础下的土遭受冻结，应预留松土或覆盖。

050107 坡道收土图

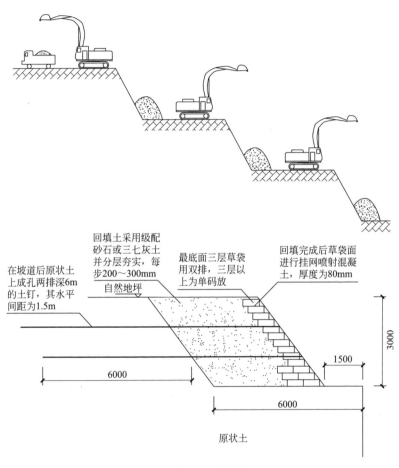

在坡道后原状土上成孔两排深6m的土钉，其水平间距为1.5m

回填土采用级配砂石或三七灰土并分层夯实，每步200～300mm

自然地坪

最底面三层草袋用双排，三层以上为单码放

回填完成后草袋面进行挂网喷射混凝土，厚度为80mm

3000

1500

6000

6000

原状土

坡道收土示意图

工艺说明

坡道收土采用传递方式。最后一步，可使用加长臂挖掘机从坡上挖出，或用吊车将余土吊运出基坑。坡度范围及平台宽度依据施工方案确定。

050108 放坡开挖

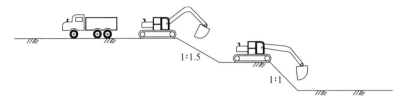

放坡开挖剖面示意图

放坡开挖示意图及施工现场

基坑开挖流程

　　测量放线→切线分层开挖→排降水→修坡→整平→留足预留土层等。

工艺说明

　　深基坑放坡开挖受周边地形影响较大，基坑周边要有较大的空间进行放坡。土方开挖前，先进行测量放线，根据施工方案要求，放出每层的坡顶线、坡底线及土方平台位置。保证基坑降水降至基底标高50cm以下，才能进行土方开挖。放坡挖土分层开挖时，每级平台的宽度不宜小于1.5m，坑底应保留200～300mm厚基土，人工清理整平，防止坑底土扰动。待挖至设计标高后，应清除浮土，经验槽合格后，及时进行垫层施工。分层挖土厚度不宜超过2.5m。

050109 深基坑逆作法挖土

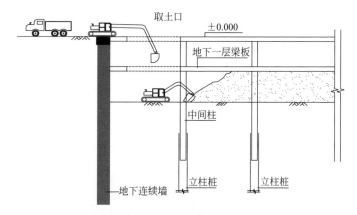

逆作法挖土示意图

逆作法挖土施工现场

工艺说明

逆作法是利用主体工程地下结构作为基坑支护结构，并采取地下结构由上而下的设计施工方法。先沿建筑物地下室轴线、周围施工地下连续墙或其他支护结构，以及建筑物内部的有关位置浇筑或打下中间支承桩和柱，作为施工期间于底板封底之前承受上部结构自重和施工荷载的支撑。然后施工地面一层的梁板楼面结构，作为地下连续墙刚度很大的支撑，随后逐层向下开挖土方和浇筑各层地下结构，直至底板封底。

050110 深基坑中心岛（墩）式挖土

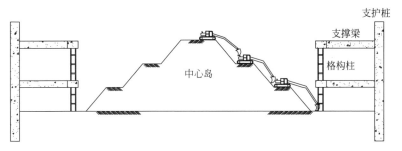

中心岛式土方开挖示意图

中心岛式挖土施工现场

工艺说明

　　中心岛（墩）式挖土，宜用于大型基坑，支护结构的支撑形式为角撑、环梁式或边桁（框）架式，中间具有较大空间情况下。此时可利用中间的土墩作为支点搭设栈桥。挖土机可利用栈桥下到基坑挖土，运土的汽车亦可利用栈桥进入基坑运土。基坑开挖流程：挖土宜分层开挖，多数是先全面挖去第一层，然后中间部分留置土墩，周围部分分层开挖。开挖多用反铲挖土机，如基坑深度大则用向上逐级传递方式进行装车外运。对面积较大的基坑，为减少空间效应的影响，基坑土方宜分层、分块、对称、限时进行开挖，土方开挖顺序要为尽可能早的安装支撑创造条件。

第二节 · 土方回填

标高控制

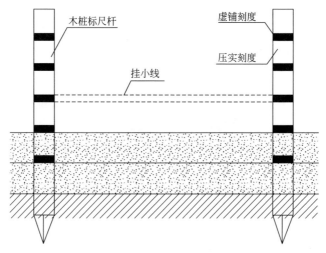

木桩标尺杆

虚铺刻度

压实刻度

挂小线

标高控制示意图

工艺说明

分层回填时，采用木桩制作标尺，标尺杆上标好虚铺的厚度和压实后的厚度，然后挂小线控制整个回填场区的分层标高，也可以在基坑（槽）或管沟边坡上每隔 3m 钉上水平木橛，或在室内和散水的边墙上弹水平线，或在地坪上钉上标高控制桩。填土工程标高允许偏差：基槽、管沟为－50mm；机械场地平整为±50mm，人工场地平整为±30mm。

050202 夯实方式

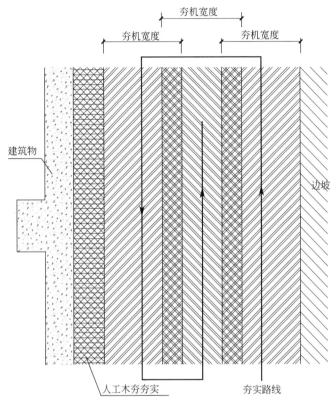

夯实方式示意图

工艺说明

　　每层打夯至少3遍，打夯应一夯压半夯，夯夯相连，纵横交叉；夯行路线应由四边向中央。用蛙式打夯机夯实时，夯前对夯土应初步平整，夯机依次夯打，均匀分布，不留间隙。肥槽回填夯实时在离防水保护层10cm的范围内采用人工木夯夯实，以防破坏防水层。基底有高低差时，从底处开始回填，逐层向上，与高处持平后再一起回填。

050203 管道处回填

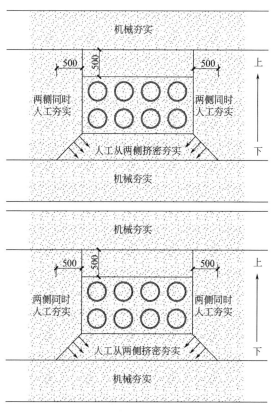

管道处回填方法示意图

工艺说明

　　管道下方当受管道限制，已无法使用机械夯实后，采用人工从管道斜下方挤密夯实；管道两侧及正上方 500mm 范围内用人工夯实，避免损坏管道。管道以上 500mm 外，正常使用机械夯实。冬期回填管沟底至管顶 0.5m 范围内，不得使用含有冻土块的土回填。

050204 素土、灰土回填分隔

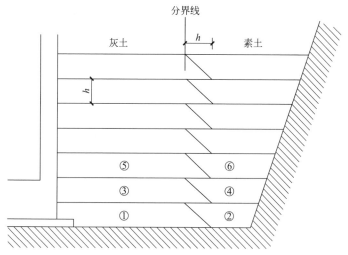

素土、灰土回填方法示意图

注：图中数字指回填顺序。

工艺说明

当设计文件要求肥槽内用灰土和素土两种土回填时，应首先铺灰土部分土料，再铺素土部分土料，最后将此层同时夯密实。

050205 分层铺摊

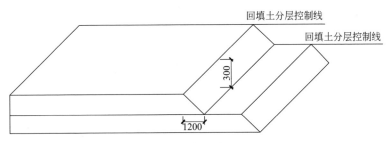

分层铺摊示意图

回填土分层厚度及压实遍数

压实机具	分层厚度(mm)	每层遍数
平碾	250～300	6～8
振动压实机	250～350	3～4
柴油打夯机	200～250	3～4
人工打夯	小于200	3～4

工艺说明

　　填土分层虚铺厚度和压实遍数应符合上表的规定。当分段回填时，接缝处每层应错开2m以上。冬期回填每层铺土厚度应比正常施工时减少20％～25％，室外的基槽（坑）或管沟可采用含有冻土块的土回填，冻土块的粒径不得大于150mm，含量不得超过15％，且应均匀分布。管沟底以上500mm范围内不得含有冻土块的土回填。室内基槽（坑）或管沟不得采用含有冻土块的土回填。

050206 人工回填

人工回填施工现场

工艺说明

用手推车送土，以人工用铁锹、耙、锄等工具进行回填。填土应从场地最低部分开始，由一端向另一端自下而上分层铺填。每层虚铺厚度，用人工木夯夯实时不大于20cm，用打夯机械夯实时不大于25cm。填土分层虚铺厚度及压实遍数符合相关规定。分段回填时，接缝处每层应错开1m以上。

深浅坑（槽）相连时，应先填深坑（槽），相平后与浅坑全面分层填夯。如采取分段填筑，交接处应填成阶梯形。墙基及管道回填应在两侧用细土同时均匀回填、夯实，防止墙基及管道中心线位移。

夯填土由人工用60～80kg的木夯或铁夯、石夯，4～8人拉绳，2人扶夯，举高不小于0.5m，一夯压半夯，按次序进行。较大面积人工回填用打夯机夯实。两机平行时其间距不得小于3m，在同一夯打路线上，前后间距不得小于10m。

050207 推土机填土

推土机填土施工现场

工艺说明

　　填土应由下而上分层铺填，每层虚铺厚度不宜大于30cm。大坡度堆填土，不得居高临下，不分层次，一次堆填。推土机运土回填，可采用分堆集中，一次运送方法，分段距离 10～15m，以减少运土漏失量。土方推至填方部位时，应提起一次铲刀，成堆卸土，并向前行驶 0.5～1.0m，推土机后退时将土刮平。用推土机来回行驶进行碾压，履带应重叠宽度的一半。填土程序宜采用纵向铺填顺序，从挖土区段至填土区段，以 40～60m 距离为宜。

050208 铲运机填土

铲运机填土施工现场

工艺说明

　　铲运机铺土，铺填土区段，长度不宜小于20m，宽度不宜小于8m。铺土应分层进行，每次铺土厚度30～50cm（视所用压实机械的要求而定），每层铺土后，利用空车返回时将地表面刮平。填土程序一般尽量采取横向或纵向分层卸土的方式，以利行驶时初步压实。

第三节 ● 场地平整

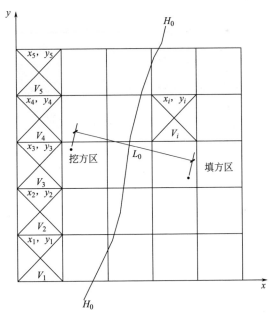

土方调配示意图

土方调配施工现场

工艺说明

　　调配区范围应和土方工程量计算用的方格网相协调。一般可由若干个方格组成一个调配区；调配区的大小一般为 10～20m，当地形变化较为复杂或平整精度要求较高时，方格网边长取值应小些，当地形较为平坦时，方格网边长取值可适当增大，为土方工程量计算用方格网尺寸的 2～4 倍；当土方运距较大或场地范围内土方调配不能达到平衡时，可考虑就近借土或弃土，此时一个借土区或一个弃土区可作为一个独立的调配区。一般情况下，可用作图法近似地求出调配区的形心位置 O 以代替中心坐标。中心求出后，标于图上，用比例尺量出每对调配区的平均运输距离（L_{11}、L_{12}、L_{13}……）。

050302 土方平衡与运距表

土方平衡与运距表

挖方区 ＼ 填方区	B_1	B_2	B_3	B_j	……	B_n	挖方量（m^3）
A_1	L_{11} X_{11}	L_{12} X_{12}	L_{13} X_{13}	L_{1j} X_{1j}	……	L_{1n} X_{1n}	Q_1
A_2	L_{21} X_{21}	L_{22} X_{22}	L_{23} X_{23}	L_{2j} X_{2j}	……	L_{2n} X_{2n}	Q_2
A_3	L_{31} X_{31}	L_{32} X_{32}	L_{33} X_{33}	L_{3j} X_{3j}	……	L_{3n} X_{3n}	Q_3
A_i	L_{i1} X_{i1}	L_{i2} X_{i2}	L_{i3} X_{i3}	L_{ij} X_{ij}	……	L_{in} X_{in}	Q_i
⋮	……	……	……	……	……	……	⋮
A_m	L_{m1} X_{m1}	L_{m2} X_{m2}	L_{m3} X_{m3}	L_{mj} X_{mj}	……	L_{mn} X_{mn}	Q_m
填方量（m^3）	b_1	b_2	b_3	b_j	……	b_n	$\sum_{i=1}^{m} a_i = \sum_{j=1}^{n} b_j$

注：L_{11}、L_{12}、L_{13}……挖填方之间的平均运距。x_{11}、x_{12}、x_{13}……调配土方量。

三次调配

挖方 \ 填方	T_1	T_2	T_3	T_4	T_5	合计
W_1	90 / 300	220	190	100 / 200	170	500
W_2	200	80 / 400	150	140	210	400
W_3	130	110	60 / 500	80	90	500
W_4	110	70 / 100	120 / 100	60 / 200	110 / 200	600
合计	300	500	600	400	200	2000

工艺说明

　　所有填挖方调配区之间的平均运距均需一一计算，并将计算结果列于土方平衡与运距表内。当填、挖方调配区之间的距离较远，采用自行式铲运机或其他运土工具沿现场道路或规定路线运土时，其运距按实际情况进行计算。

050303 绘制土方调配图

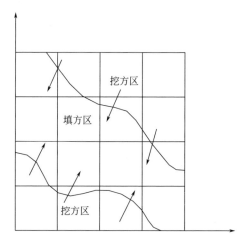

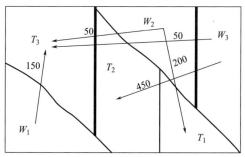

土方调配示意图

工艺说明

用"表上作业法"使总土方运输量最小值，即为最优调配方案。绘出土方调配图。根据计算，标出调配方向、土方数量及运距（平均运距再加施工机械前进、倒退和转弯必需的最短长度）。

050304 施工测量兼土方调配

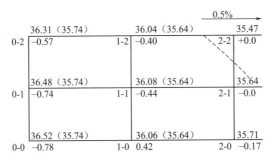

施工测量兼土方调配图

工艺说明

根据施工区域的测量控制点和自然地形,将场地划分为轴线正交的若干地块。选用间隔为 20~50m 的方格网,并以方格网各交叉点的地面高程,作为计算工程量和组织施工的依据。在填挖过程中和工程竣工时,都要进行测量,做好记录,以保证最后形成的场地符合设计规定的平面和高程。

通过计算,对挖方、填方和土石方运输量三者综合权衡,制定出合理的调配方案。为了充分发挥施工机械的效率,便于组织施工,避免不必要的往返运输,还要绘制土石方调配图,明确各地块的工程量、填挖施工的先后顺序、土石方的来源和去向,以及机械、车辆的运行路线等。

050305 场地平整填土施工

场地平整填土施工现场

工艺说明

　　填土应尽量采用同类土填筑，并控制土的含水率在最优含水量范围内。当采用不同的土填筑时，应按土类有规则地分层铺填，将透水性大的土层置于透水性较小的土层之下，不得混杂使用，边坡不得用透水性较小的土封闭，以利水分排出和基土稳定，并避免在填方内形成水囊和产生滑动现象。

　　填土应从最低处开始，由下向上整个宽度分层铺填碾压或夯实。

　　在地形起伏之处，应做好接槎，修筑1：2台阶形成边坡。分段填筑时每层接缝处应做成大于1：1.5的斜坡，碾迹重叠0.5～1m，上下层错缝距离不应小于1m。接缝部位不得在基础、墙角、柱墩等重要部位。

050306 场地平整机械压实

场地平整机械压实施工现场

工艺说明

　　在碾压机械碾压之前，宜先用轻型推土机、拖拉机推平，低速预压 4~5 遍，使表面平实；且应先静压，后振压。碾压机械压实填方时，应控制行驶速度，一般平碾、振动碾不超过 2km/h，并要控制压实遍数。用压路机进行填方压实，应采用"薄填、慢驶、多次"的方法。填土厚度不应超过 30cm；碾压方向应从两边逐渐向中间，碾轮每次重叠宽度 15~25cm，避免漏压。运行中碾轮边距填方边缘应大于 50cm，以防止发生溜坡倾倒。边角、边坡边缘压实不到之处，应辅以人力夯或小型夯实机具夯实。压实密度，除另有规定外，应压至轮子下沉量不超过 1~2cm 为度。平碾碾压一层完后，应用人工或推土机将表面拉毛。土层表面太干时，应洒水湿润后，继续回填，以保证上、下层结合良好。

第四节 • 高压水冲挖土方

050401 高压水冲挖土方

高压水冲挖土方施工现场

工艺说明

　　基坑土体通过使用高压水枪产生的高速、密实水柱切割、粉碎土体，使土体湿化、崩解，呈流塑状泥浆，利用泥浆泵、预先铺设好的泥浆管道将泥浆抽排运输至指定的弃土场或待回填的基坑中。抽排至弃土场的泥浆经沉淀、净化后，渣土和水分离，分离出的水通过排水管道泵入基坑指定地点，重复利用切割土体，或经检测符合相关排放标准后排入附近河流；沉淀后的砂土留在弃土场，或作为基坑回填土方。

　　该工法适用于开挖淤泥质土、砂土、粉土；基坑及周边有足够的冲挖空间；施工地点有足够的水源；弃土场能够做成围堰或有可以待填筑的施工场区，在场区内设置沉淀池，对泥浆进行沉淀，经沉淀后的水，可以循环再利用到土方开挖场区内，作为水冲法辅助水源。

清水管道施工现场

工艺说明

　　清水管道优先选用 PE 管，PE 管质量轻，柔韧性好，抗冲击强度高，耐强震、扭曲。由于清水主管道采用 PE 管，现场热熔连接较为不便，因此在 PE 加工场地先将 PE 法兰焊接至 PE 管两端，现场安装管道时采用法兰连接。采用法兰连接可灵活布设管道、配置管件，拆卸也较为方便。管道的弯头、三通等位置采用金属管件，连接水枪的三通均使用金属管件。清水管道安装完毕之后要进行打压试验。清水泵宜安装在靠近水源的位置，安装过程中，应做好水泵基础。采用竹节或方木搭设高压水枪支架，支架主要用于吊放枪头水管，方便冲水操作人员作业。

050403 设置蓄水池

蓄水池施工现场

工艺说明

　　距离水源较远时设置蓄水池，为临时开挖的清水供给处。根据现场配置的清水高压枪头提前计算水枪冲挖时所需要的供水量，根据供水量的大小设置临时蓄水池。

050404 泥浆线路施工

泥浆运输施工现场

工艺说明

　　泥浆运输管道亦选用 PE 管，PE 管质量轻，柔韧性好，抗冲击强度高，耐强震、扭曲。管道的弯头、三通等位置采用金属管件，连接泥浆泵处的三通均使用金属管件。泥浆管道的打压试验和清水运输主管道相同。泥浆运输泵宜安装在靠近运输管道起点位置，安装过程中，应做好水泵基础。增压泵为泥浆输送提供动力，约 3km 设置一个。

　　在基坑中心位置，使用挖掘机挖出 3m×3m×1.5m 左右的土坑，布置泥浆泵，作为高压水枪高压水切割土体时的工作面，使冲挖土方形成的泥浆在基坑底部汇集。立式泥浆泵系统是在现场泥浆坑内放置，通过钢管安装固定在两个棱形浮筒中间，安装完成后，浮筒能够浮在泥浆之上且能够保持平稳，泥浆泵口部向下且不会接触挖土面基底，泵口距离浮筒底部约 20cm。

050405 弃土场围堰和二次沉淀池设置

沉淀池施工现场

工艺说明

弃土场围堰的高度和面积根据土方量确定。出土点的二次沉淀池采用简单的台阶式沉淀池，设置在距离水源较近的地方，方便清水析出排放。围堰施工前根据平面位置开挖好沉淀池台阶，每级沉淀池大小为 $10m \times 10m \times 3m$。开始运行后及时排放析出的清水，防止清水溢出造成返工。

050406 分层开挖施工

水冲开挖施工现场

工艺说明

（1）水冲法施工时每层冲挖深度不大于 2m，按照设计开挖深度进行调配，距离基底 30～50cm 停止施工。剩余土方采用人工配合塔吊等机械设备进行基底清槽开挖。（2）在采用水冲法施工过程中应遵循"从中央到四周"的盆式开挖顺序原则，以期达到减少基坑最大开挖深度的暴露时间，以及防止基坑侧壁发生过大变形。（3）采用水冲法施工时，高压水枪枪嘴应尽量靠近工作面，一般 4～5m，最远不超过10m，并应注意安全，开挖工作面不宜过高。根据现场土质情况采用分层冲挖，分层厚度不大于 2m。（4）当高压水枪移位到每层新的工作点时，先用水枪形成一个喇叭口以利于汇流泥浆，然后再扇形冲挖。冲挖方法一般是先搜根掏底，即切割每层根部土体，让土块崩塌松散，这样功效最高；但是为了保证人员安全，对于稳定性比较差的土层，每次不应搜根太深，对于比较稳定的土层，当搜根深而不崩塌时，可从土层顶面做一些垂直切割，促使土层分块崩塌。在冲挖松土时可晃动水枪，使水柱搅拌松土，提高功效。（5）当高压水枪冲挖土体距离基坑围护结构内边缘 30～40cm 时，停止水枪切割土体。此部分土体采用小型机械进行开挖并运输至远离基坑边缘，然后再用高压水枪将该部分土体进行切割搅拌形成泥浆汇入泥浆坑中排除。（6）当土方冲挖至距离坑底 30～50cm 以上时，应加强土方开挖标高的测量控制，预留 30cm 厚的土，改由人工修整至设计标高。（7）冲挖施工时一般三人一组，两人进行冲挖作业，一人进行污水泵处的杂物清理。（8）水冲法开挖土体，应遵循"分层、均匀、对称"的开挖原则，基坑内应避免形成陡坡，以防土体滑动，挤偏工程桩。（9）在施工过程中加强基坑周边地表沉降和开裂的日常巡查，加强对基坑周边建筑、地下构筑物，以及基坑围护结构的变形观测，发现问题及时上报。

第六章　边坡

第一节 • 喷锚支护

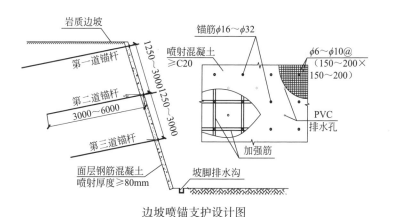

边坡喷锚支护设计图

边坡喷锚支护施工现场

施工顺序

　　测量放线→边坡开挖→搭设施工脚手架及施工平台→人工清坡→坡面锚孔施工→锚杆安装→锚孔注浆→嵌设透水管→固定钢筋网→喷射混凝土→拆除脚手架→养护→锚杆抗拔试压。

工艺说明

　　喷锚支护的锚杆数量、长度、间距、网片要求根据岩质情况及设计计算说明确定。

060102 搭设锚喷支架

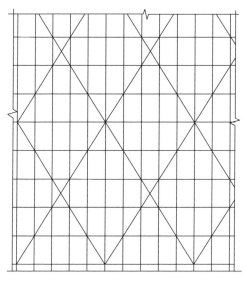

喷锚架体搭设简图

搭设锚喷支架施工现场

工艺说明

　　边坡锚喷支护施工前，根据现场边坡高度，搭设施工脚手架及锚喷施工平台，锚喷支架通常可选用金属扣件及钢管搭设成的多排脚手架。搭设前根据搭设高度，锚喷施工平台荷载值等进行脚手架设计及安全计算，保证锚喷架体满足安全施工要求。脚手架下端基础通常采用混凝土进行硬化处理，硬化厚度不小于100mm，保证脚手架地基承载力满足施工要求。架体需满设剪刀撑，并沿高度方向连续布置，与水平杆夹角在45°～60°之间，接长均采用搭接接长，搭接长度不小于1000mm，且不小于2个扣件。搭设锚喷支架时应考虑搭设人员安全上下爬梯及人员操作平台，人员操作平台设置护栏横杆。

060103 锚杆施工

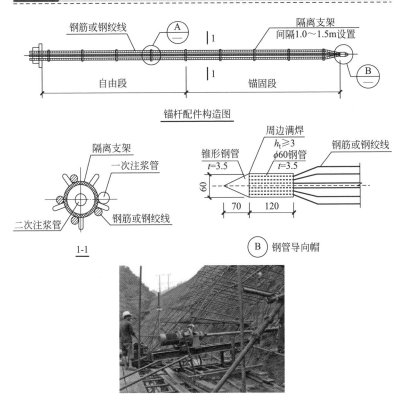

锚杆配件构造图

B 钢管导向帽

1-1

锚杆示意图及施工现场

工艺说明

在边坡面上确定好锚杆孔位，进行钻孔，钻深及孔径应符合图纸或方案要求。根据地质情况可选用人工凿孔或机械钻孔，坡面机械钻孔通常采用风动锚杆钻机或风钻凿岩机钻孔。钻至规定深度后，采用高压风吹孔。锚杆制作应根据设计规定的长度和直径，加工合格的锚杆，为使锚杆处于孔的中心部位，每隔 1.0～1.5m 焊接一个居中支架。将锚杆安放在孔内后，随即进行注浆。

060104 锚孔注浆

锚孔注浆施工现场

工艺说明

　　锚孔注浆一般采用水灰比为 1：0.4～1：0.5 的纯水泥浆，注浆压力不低于 0.4MPa，以确保锚杆与孔壁之间注满砂浆。注浆前，先用稀水泥浆或水润滑注浆泵和管路，注浆应从下排往上排依次注浆。注浆时通常采用由里向外注浆，注浆管应插入距离孔底部 50～100mm 范围内，边注浆边拔注浆管，直至孔口溢出浓浆 1～2min 后，停止注浆，一次注浆完成后需根据浆液渗透情况进行补浆。注浆时必须在孔口绑扎止浆布袋，防止浆液流出。

060105 挂网喷混凝土

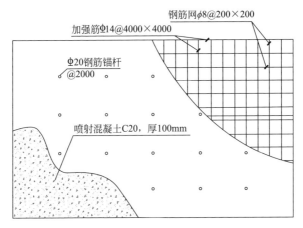

钢筋网φ8@200×200

加强筋Φ14@4000×4000

Φ20钢筋锚杆
@2000

喷射混凝土C20，厚100mm

高边坡锚喷支护立面图

挂网喷混凝土施工现场

工艺说明

　　钢筋网片分为单层及双层两类，单层钢筋网喷射混凝土厚度不小于80mm，双层厚度不小于150mm。钢筋网应在坡面喷射20mm混凝土后铺设，钢筋网应与锚钉及加强筋焊接牢固，第二次喷射应在第一层混凝土终凝后进行。面层施工应分段分片喷射，每隔15m设一道伸缩缝，缝宽20mm，可填塞沥青麻筋。混凝土终凝2h后，开始洒水养护，养护时间不得少于7d。

第二节 ● 挡土墙

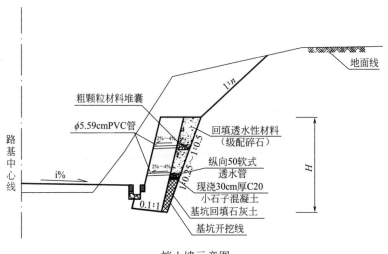

挡土墙示意图

挡土墙施工现场

施工顺序

施工准备及放样→基槽开挖→基底处理→基础混凝土浇筑→挡墙砌筑→回填。

工艺说明

石料应是结构密实、石质均匀、不易风化、无裂缝的硬质石料，石料强度等级不小于MU30。砂浆所用的水泥、砂、水的质量应符合有关规范的要求，按规定的配合比施工。

施工时做到敲去石料尖锐凸出部分，分层错缝搭接砌筑、砌块相互咬紧。浆砌时砌块应坐浆挤紧，嵌填饱满密实，不得有空洞现象。挡土墙底部、顶部和墙面外层宜选用较整齐的大块石砌筑，待砂浆强度达到75％以上时，方可回填墙背填料；在满足砂浆强度的前提下，墙后填土应紧随挡墙砌筑过程进行。墙身圬工表面应勾缝，以防止雨水渗漏，应确保砌体表面平整，砌缝完好、无开裂现象，勾缝平顺、无脱落现象，以增加墙面的美观。勾缝一般采用强度等级比砌筑高一个等级的砂浆。

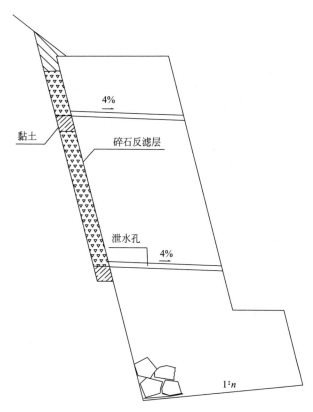

黏土

碎石反滤层

4%

泄水孔

4%

1:*n*

测量放样示意图（一）

测站点

后视点

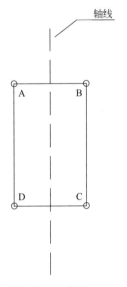

轴线

A   B

D   C

测量放样示意图（二）

工艺说明

　　根据设计图纸，实地放样测设出挡墙的中轴线，并打出控制点，现场用钢尺定出基础的边线并用水准仪测量各点的高程，确定下挖深度，经复核无误报监理审查认可后，进行下道工序的施工。

060203 / 基槽开挖

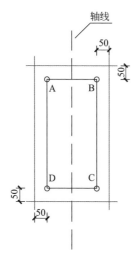

基槽开挖示意图

基槽开挖施工现场

工艺说明

基坑开挖前疏通地面排水系统。人工配合挖掘机进行开挖，严禁超挖，避免扰动基底原状土。挖至接近设计基底应预留20cm采用人工刷底、修整，确保基底平整，几何尺寸及基底高程符合要求。路堑墙基底刷成4%的反坡。基底开挖的平面尺寸应比设计尺寸加宽50cm左右；基坑坑壁坡度应视地质条件、基坑深度等情况，采取相应的坡比。基坑开挖到设计标高后，应检查基底承载力、几何尺寸等，经检验合格后应立即进行基础施工。

060204 墙身砌筑

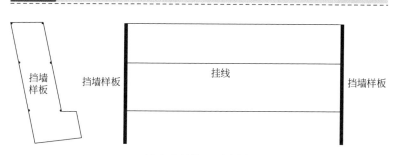

墙身砌筑施工示意图

墙身砌筑施工现场

工艺说明

（1）为保证墙身位置及断面尺寸的准确，当底面尺寸放好样后，用木板制成墙身断面挂线样板，将挂线样板固定在沉降缝位置，在墙端转角点挂线控制墙身的砌筑，逐层收坡。（2）每层砌筑的厚度30～35cm。分层砌筑时各砌层先砌外圈定位行列，然后砌筑腹石，外圈与里层砌块要交错连成一体。外圈定位行列和转角石，应选择形状较为方正及尺寸较大的片石，并长短相间地与里层砌块咬接。砌缝宽度不宜大于20mm。

060205 泄水孔布置

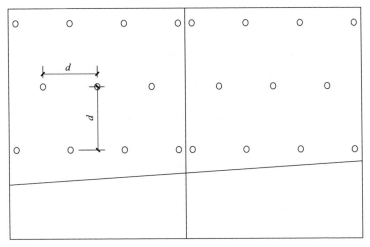

泄水孔示意图

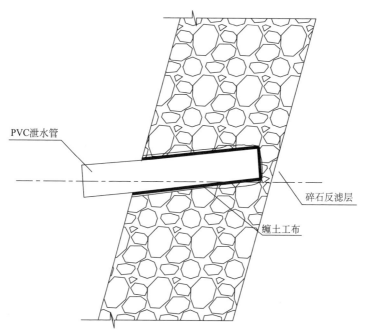

PVC泄水管

碎石反滤层

缠土工布

泄水孔布置示意图

工艺说明

挡土墙墙身在高出地面30cm以上部分根据设计图纸梅花形分层设置横坡为4%的泄水孔。上、下排交错布置，其端部15cm用土工滤布包裹，在泄水孔进水口处设置碎石外裹土工布反滤层以利排水。

第三节 ● 边坡开挖

060301 边坡开挖

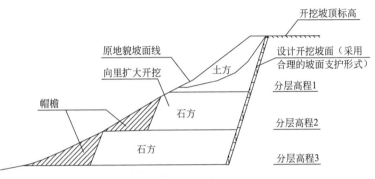

边坡土方开挖示意图

工艺说明

　　边坡开挖前首先要组织对边坡地质条件及周边建筑和管线位置进行勘查确认。为了保证开挖边坡开口线以外的边坡稳定和开口线以内的施工安全，需要对开口线以外的边坡进行清理、支护和加固处理。对土石方开挖后不稳定或欠稳定的边坡，应根据边坡的地质特征和可能发生的破坏方式等情况，采取自上而下、分段跳槽、及时支护的逆作法或者部分逆作法施工。开挖梯段的高度应根据施工机械性能及开挖区布置等因素确定。对于覆盖层边坡，边坡梯段高度一般不超过 6m，Ⅴ 类岩石边坡梯段高度一般不超过 8m，Ⅳ 类岩石边坡梯段高度一般不超过 12m。同一区段内的开挖应平行下降，如不能平行下挖时，相邻区段高差不应超过一个梯段高度。在开挖过程中，应该做到随挖随护，开挖边坡的支护应在分层开挖中逐层进行，上层边坡的支护应保证下一层开挖的安全，下层的开挖应不影响上层已完成的支护。

第四节 ● 边坡预应力锚索框格梁支护技术

060401 预应力锚索框格梁

预应力锚索框格梁支护施工现场

工艺说明

　　预应力锚索框格梁体系是通过钻孔及注浆体将钢绞线固定在深部稳定岩层中，在被加固体表面对钢绞线张拉产生预压应力，将滑动体的坡体与稳定的地层连为一体，可直接在滑面上产生抗滑阻力，也可以通过增大滑面上的正应力来增大抗滑摩擦阻力，同时通过坡面上的框格梁将各个锚索有效地连成一个整体，形成一个由表及里的被覆式加固体系。预应力锚索框格梁体系与圬工类结构相比具有深层加固、主动加固、随机补强、施工快捷灵活、经济性好等特点。适用于高边坡防护和滑坡的防治等工程项目。

060402 预应力锚索成孔

预应力锚索成孔施工现场

工艺说明

采用脚手架搭设工作平台，在坡面之上打孔、安装锚索。为了验证预应力锚索的施工工艺、设计质量、设计合理性，在单项工程开工申请批复后，按设计要求先进行锚索的拉拔破坏试验。

根据锚固地层的类别、锚孔孔径、锚孔深度，以及施工场地条件等来选择钻孔设备。在整体性较好的岩层中采用潜孔冲击钻成孔，在破碎岩层或松软饱水等易于塌、缩孔和卡钻、埋钻的地层中采用跟管钻进技术。钻孔要求干钻，禁止采用水钻，以确保锚索施工不至于恶化边坡岩体的工程地质条件和保证孔壁的粘结性能。钻孔速度根据使用钻机性能和锚固地层严格控制，防止钻孔扭曲和变径，造成下锚困难或其他意外事故。

060403 锚索制作

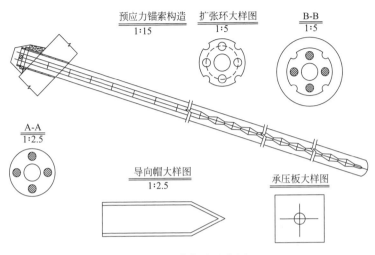

预应力锚索构造
1:15

扩张环大样图
1:5

B-B
1:5

A-A
1:2.5

导向帽大样图
1:2.5

承压板大样图

预应力锚索构造示意图

工艺说明

（1）按设计长度丈量尺寸后，采用砂轮切割机切割钢绞线下料，切口要整齐无散头现象。钢绞线下料长度＝各分段锚固长度＋锚索自由段长度＋框格梁厚度＋锚索工作段长度＋截长误差（约100mm）。（2）将下好料的钢绞线及各种进、回浆管平行堆放于工作平台上，对不同的进、回浆管及钢绞线在进口段进行编号并用不同颜色区别，然后按设计锚固段长度位置安装止浆环及各种进、回浆管，保证管道畅通及耐压要求，对耐压值不够或不通畅者要更换。管道安装检查完毕后，管口要临时封闭，并挂牌编号。（3）锚固段每隔1m将钢绞线用紧箍环和扩张环固定，以使其成枣核状，为使锚索居中定位，沿锚索长度每隔2m设置一个隔离支架，并绑扎镀锌铁丝，绑扎时保证钢绞线与进、回浆管平行，严禁有交叉现象，最后在锚索端头套上导向帽。

060404 锚索安装

预应力锚索安装施工现场

工艺说明

采用人工辅以机械进行安装。下索前先校对锚索编号与孔口编号是否相符，并用探头再检查一次钻孔，将编制好的锚索人工运至孔口，并将其送入孔内，必要时辅以手动葫芦配合，锚索安装时曲率半径严禁小于 3m，以防损坏锚索结构。在穿索过程中，损坏锚索结构的应予更换，同时保证止浆、进浆、回浆等设备的完好。

注浆采用 3SNS 系列注浆泵，浆液采用灰浆搅拌机进行搅拌。浆液要搅拌均匀，随搅随用，并在初凝前用完，严防石块等杂物混入浆液。

注浆材料为纯水泥浆，水泥选用 P·O 42.5 级普通强酸盐水泥，水灰比为 0.4~0.45，外加 10% UEA-Z 型复合膨胀剂和 0.6% 的高效早强减水剂。浆体强度不小于 35MPa，注浆压力保持在 0.4~0.8MPa。边注浆边缓慢抽拔注浆管，保证注浆管口处于液面以下，并保证浆体密实、饱和，达到设计浆体强度。待孔口溢出浆体即可停止注浆。注浆过程中要做好相关记录，并做好试验块。

060405 混凝土框格梁施工

框格梁混凝土浇筑施工现场

工艺说明

框格梁混凝土浇筑前，应先清除孔口周围及坡面上的碎石及泥土，然后绑扎钢筋、立模，并同时安装定向筋、定位管及固定承压板。然后分段浇筑混凝土，浇筑时振捣要均匀、密实，保证混凝土的浇筑质量。

060406 锚索的张拉及封锚

锚索张拉与封锚施工现场

工艺说明

（1）待锚孔注浆体强度和框格梁混凝土强度达到设计要求后即可进行张拉。张拉前须对张拉机具进行配套标定，计算出千斤顶受力与油压的线性方程，用于张拉油压与张拉力的控制。同时要注意钢绞线穿入锚板的顺序，确保与钢绞线束绑扎的顺序一致，防止交叉缠绕。（2）按设计要求对锚索施加预应力 P 并锁定。先取 0.2P 的张拉力进行预张拉，每级持荷稳压时间控制在 10min 左右，超张拉稳压时间稳压 25min，观察位移是否稳定，若无异常，即进行锁定。锚索张拉锁定采用间隔施工，即每间隔 1～2 根锚索进行循环张拉锁定。张拉分 6 级 2 次进行，即按设计值的 20％、25％、50％、75％、100％、105％进行张拉。张拉千斤顶的轴线必须与锚索轴线一致，锚环、夹片和锚索体张拉部分不得有泥沙、锈蚀层或其他污物。（3）张拉结束后，将锚板外的钢绞线处理好，不能松散，并观察 2～3d，若预应力损失过大则进行补张拉，同时为防止外锚头的长期暴露，每次结束后应做相应的防护。每级张拉的稳定时间必须保证，预应力张拉采用"双控法"控制，以张拉油压为主，伸长值进行校核。当出现异常情况时，必须停止作业进行检查，查明原因后方可继续进行作业。（4）预应力张拉完成后，在自由段立即注入不小于 M35 级的水泥净浆封孔，自由段封孔注浆完毕后，用砂轮切割机切除多余的钢绞线（严禁用电焊机切割），并保留不小于 5cm 的防滑段，最后用 C30 混凝土封闭。为保证框架的整体美观性，采用相同的模具进行封头。

第五节 • 边坡主动防护技术

060501 清理边坡

边坡清理施工现场

> ◇ **工艺说明**
>
> 　　当坡面上特别是施工人员的活动范围内存在浮土或浮石时，对可能因施工活动引起崩塌、滚落而威胁施工安全的，宜予清除或就地临时处理。
>
> 　　对坡面上存在的将来发生崩塌可能性很大的个别孤危石，若它（们）的崩落可能带来系统的大量维护工作，则宜对其进行适当的加固处理或予以事先清除。

060502 测量放线

锚杆孔位放线施工现场

工艺说明

放线测量确定锚杆孔位 4.5m×4.5m（根据地形条件，孔间距可有 0.3m 的调整量），在孔间距允许的调整范围内，尽可能在低凹处选定锚杆孔位，对非低凹处或不能满足系统安装后尽可能紧贴坡面的锚杆孔（一般连续悬空面积不得大于 5m）宜增设长度不小于 0.5m 的局部锚杆，该锚杆可采用直径不小于 φ12 的带弯钩的钢筋锚杆或直径不小于 2φ12 双股钢绳锚杆。

060503 基础施工

锚杆孔施工现场

工艺说明

对本身为基岩或坚硬岩土的位置，进行锚杆孔的钻凿，而对不能直接成孔的松散岩土体位置，则进行基坑开挖、混凝土基础浇筑。按设计深度钻凿锚杆孔并清孔，孔深应大于设计锚杆长度20cm，孔径不小于60mm，当受凿岩设备限制时，构成每根锚杆的两股钢绳可分别锚入2个孔径不小于35mm的锚孔内，形成人字形锚杆，两股钢绳夹角为15°～30°，以达到同样的锚固效果，当局部孔位处因地层松散或破碎而不能成孔时，可以采用断面尺寸不小于0.4m×0.4m的C15混凝土基础置换不能成孔的岩土段。

060504 锚杆安装

锚杆安装施工现场

工艺说明

对直接成孔的锚杆位置，锚杆在注浆前连同注浆管一同埋设；对采用混凝土基础的地方，锚杆一般在浇筑基础混凝土的同时直接埋设。

060505 套环加工及锚头封闭

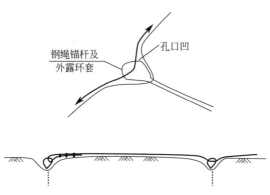

钢绳锚杆及
外露环套

孔口凹

套环加工示意图

工艺说明

　　制作钢丝绳套环，采用 50cm 长 φ16 钢丝绳弯曲成环形，连接处用 2 个 U 形卡扣上牢。在每一孔位处凿一定深度的凹坑，一般口径 20cm，深 15cm。将套环悬挂于锚杆尾部弯钩上。锚杆外露套环顶端不能高出地表。用 C25 细石混凝土封闭凹坑（套环大部露出混凝土，套环与锚杆弯钩连接处必须封闭于混凝土内）。

060506 支撑绳安装与调试

支撑绳安装与调试施工现场

工艺说明

　　为确保支撑绳张拉后尽可能紧贴地表，安装纵横向支撑绳（横向采用 φ16 钢丝绳，纵向采用 φ12 钢丝绳）后采用紧线器或手拉葫芦张拉，拉紧后两端各用 2～4 个（支撑绳长度小于 15m 时为 2 个，大于 30m 时为 4 个，15～30m 为 3 个）绳卡与锚杆外露环套固定连接。

060507 格栅的铺挂

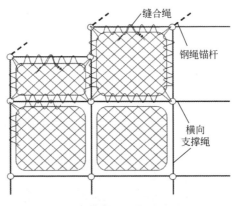

缝合绳

钢绳锚杆

横向
支撑绳

格栅网构造示意图

格栅网铺挂施工现场

工艺说明

从上向下铺挂格栅网，格栅网间重叠宽度不小于5cm，两张格栅网间的缝合以及格栅网与支撑绳间用 $\phi 1.5$ 钢丝进行扎结。当坡度小于45°时，扎结点间距不得大于2m，当坡度大于45°时，扎结点间距不得大于1m（有条件时本工序可在前一工序前完成，即将格栅网置于支撑绳之下）。

第六节 ● 边坡被动防护技术

060601 被动防护系统

被动防护系统施工现场

工艺说明

　　被动防护系统是由钢丝绳网、钢丝格栅网、锚杆、工字钢柱、上下拉锚绳、减压环、底座及上下支撑绳等部件构成，系统由钢柱和钢绳网联结组合构成一个整体，对所防护的区域形成面防护，从而阻止崩塌岩石土体的下坠，起到边坡防护作用。被动防护适用于较为平缓的边坡。

第七章　地下防水

第一节 • 主体结构防水

070101 防水混凝土

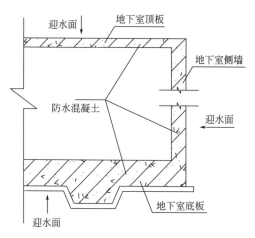

迎水面　　地下室顶板

地下室侧墙

防水混凝土

迎水面

地下室底板

迎水面

防水混凝土示意图

地下室底板施工现场

地下室侧墙施工现场

施工顺序

钢筋隐蔽验收→混凝土浇筑→混凝土振捣→混凝土收面→混凝土养护→拆除模板。

工艺说明

防水混凝土水泥宜采用普通硅酸盐水泥或硅酸盐水泥，砂宜选用中粗砂，碎石或卵石的粒径宜为5~40mm。混凝土坍落度宜控制在120~160mm，坍落度每小时损失值不应大于20mm，总损失值不应大于40mm，在浇筑地点每工作班至少检查2次。混凝土应连续浇筑，浇筑过程中抗渗试块按照每连续浇筑500m³应留置一组6个抗渗试块，且每项工程不得少于2组。混凝土施工完成后，养护时间不应少于14d。

070102 水泥砂浆防水层

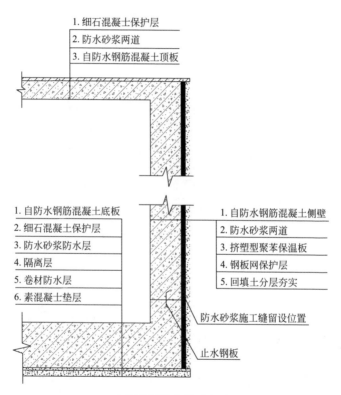

1. 细石混凝土保护层
2. 防水砂浆两道
3. 自防水钢筋混凝土顶板

1. 自防水钢筋混凝土底板
2. 细石混凝土保护层
3. 防水砂浆防水层
4. 隔离层
5. 卷材防水层
6. 素混凝土垫层

1. 自防水钢筋混凝土侧壁
2. 防水砂浆两道
3. 挤塑型聚苯保温板
4. 钢板网保护层
5. 回填土分层夯实

防水砂浆施工缝留设位置

止水钢板

水泥砂浆防水层示意图

水泥砂浆防水层施工现场

施工顺序

基层处理→刷水泥素浆（掺防水剂）→抹底层砂浆→刷水泥素浆→抹面层砂浆→养护。

工艺说明

水泥砂浆防水层所用的水泥应使用普通硅酸盐水泥、硅酸盐水泥或特种水泥；砂宜采用中砂，含泥量不应大于1%，硫化物和硫酸盐含量不得大于1%；用于拌制水泥砂浆的水应采用不含有害物质的洁净水；外加剂的技术性能应符合国家或行业有关标准的质量要求。基层表面应平整、坚实、清洁，并应充分湿润无明水；基层表面的孔洞、缝隙应采用与防水层相同的水泥砂浆填塞并抹平；施工前应将埋设件、穿墙管预留凹槽内嵌填密封材料后，再进行水泥砂浆防水层施工。水泥砂浆防水层应采用聚合物水泥防水砂浆、掺外加剂或掺合料的防水砂浆，终凝后及时进行养护，养护温度不宜低于5℃，并应保持砂浆表面湿润，养护时间不少于14d。

070103 卷材防水层

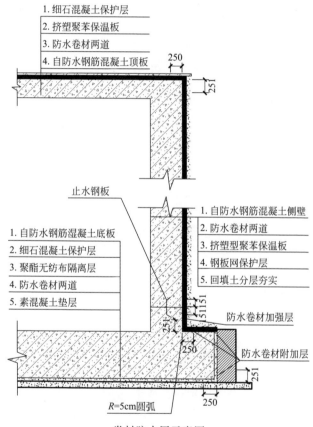

1. 细石混凝土保护层
2. 挤塑聚苯保温板
3. 防水卷材两道
4. 自防水钢筋混凝土顶板

止水钢板

1. 自防水钢筋混凝土底板
2. 细石混凝土保护层
3. 聚酯无纺布隔离层
4. 防水卷材两道
5. 素混凝土垫层

1. 自防水钢筋混凝土侧壁
2. 防水卷材两道
3. 挤塑型聚苯保温板
4. 钢板网保护层
5. 回填土分层夯实

防水卷材加强层

防水卷材附加层

R=5cm圆弧

卷材防水层示意图

卷材防水层施工现场

施工顺序

　　基层处理→涂刷基础处理剂→弹线→铺贴 SBS 卷材→检查、验收→细石混凝土保护层。

工艺说明

　　卷材防水层应采用高聚物改性沥青类防水卷材和合成高分子类防水卷材。所选用的基层处理剂、胶粘剂、密封材料等均应与铺贴的卷材相匹配。铺贴卷材前，基面应干净、干燥，并涂刷基层处理剂；当基面潮湿时，应涂刷湿固化型胶粘剂或潮湿界面隔离剂；基层阴阳角应做成圆弧或者45°坡角，其尺寸应根据卷材品种确定；在转角处、变形缝、施工缝、穿墙管等部位应铺贴卷材加强层，基层阴阳角处应做成半径不小于50mm圆弧形。在转角、阴阳角和细部构造部位粘贴与大面积防水卷材相同的防水卷材附加层，宽度不小于500mm，沿折角两平面交线居中均匀布置，每边宽不小于250mm，以增加转角处防水的强度。不得有鼓泡、龟裂等现象，保护层覆盖应严密。

070104 防水卷材错槎接缝

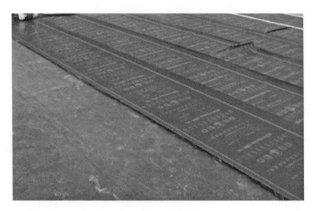

防水卷材错槎接缝施工现场

◆ 工艺说明

两幅卷材长边和短边的搭接长度均不应小于100mm。采用多层卷材时，上下两层和相邻两幅卷材的接缝应错开1/3幅宽，上下层卷材不得相互垂直铺贴。

070105 聚氨酯涂膜防水

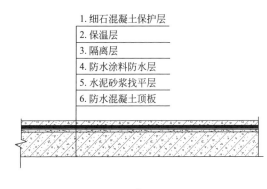

1. 细石混凝土保护层
2. 保温层
3. 隔离层
4. 防水涂料防水层
5. 水泥砂浆找平层
6. 防水混凝土顶板

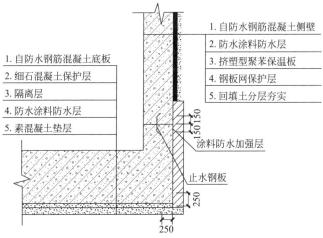

1. 自防水钢筋混凝土底板
2. 细石混凝土保护层
3. 隔离层
4. 防水涂料防水层
5. 素混凝土垫层

1. 自防水钢筋混凝土侧壁
2. 防水涂料防水层
3. 挤塑型聚苯保温板
4. 钢板网保护层
5. 回填土分层夯实

150 150

涂料防水加强层

止水钢板

250

250

顶板、侧墙及底板防水示意图

工艺说明

　　施工缝、墙面的管根、阴阳角、变形缝等细部薄弱环节，应先做一层加层，宽度不应小于50mm。将已搅拌好的聚氨酯涂膜防水材料用塑料或橡胶刮板均匀涂刮在已涂好底胶的基层表面，刮两遍，总厚度为1.2～2.0mm。涂料应分层涂刷或喷涂，涂层应均匀，涂刷前应待前遍涂层干燥成膜后进行。每遍涂刷时应交替改变涂层的涂刷方向，同层涂膜的先后搭压宽度宜为30～50mm；涂料防水层的甩槎处接槎宽度不应小于100mm，接涂前应将其甩槎表面处理干净。

070106 水泥基渗透结晶型涂料防水

水泥基渗透结晶型涂料防水施工现场

工艺说明

施工前15min左右将施工面提前用干净水浇透；刮涂时应用力按刀，使刮刀与被涂面的倾斜角为50°～60°，按刀要用力均匀。涂层一般刮涂一至两遍，总厚度达到0.8mm。刮涂后的防水涂层，必须在初凝前马上用油漆刷蘸水涂刷均匀；防水涂层施工完毕，须采用干净的雾状水喷洒养护。

070107 塑料板防水

塑料板防水施工现场

施工顺序

基层验收→规划弹线→空铺防水板→焊接防水板→自检验收→检查验收。

工艺说明

防水板自然展开、疏松地铺设于规划好的位置；防水板可按纵向或横向统一的方向铺设；需要定位的部位或形状变化部位需要临时固定时，用实物固定。

第二节 ● 细部构造防水

070201 电梯井、集水坑防水

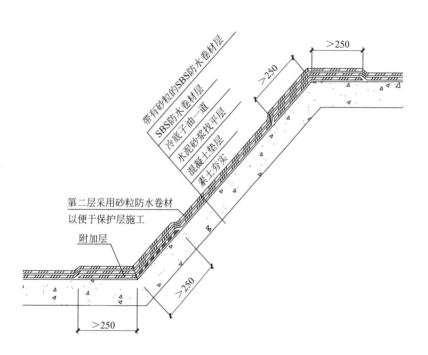

阴角处理方法示意图

阴角处理施工现场

工艺说明

　　电梯井、积水坑基层阴阳角必须做成大于等于50mm的圆弧或45°（135°）八字角，阴阳角、立面内角、外角及施工缝处均做500mm宽的附加层。电梯井、积水坑斜面的第二层防水卷材采用带有砂粒的，以便于防水保护层的施工。

070202 外墙后浇带防水

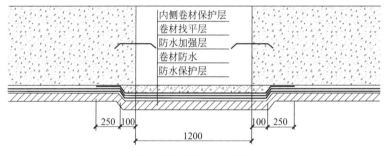

内侧卷材保护层
卷材找平层
防水加强层
卷材防水
防水保护层

250　100　　　1200　　　100　250

外墙后浇带防水示意图

工艺说明

　　地下室外墙后浇带在做防水施工前，内侧的卷材保护层先施工。铺贴外墙卷材时，先在预制板外侧铺一层防水加强层，然后大面卷材直接铺过预制盖板。绑扎墙体钢筋时，用附加筋将止水钢板固定在墙体中间。

070203 底板施工缝防水

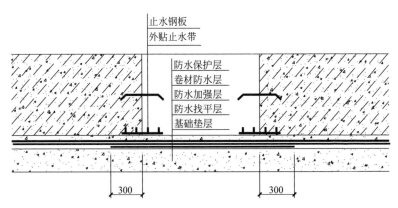

底板施工缝防水示意图

工艺说明

　　底板后浇带处先做防水卷材附加层，再大面积铺贴防水卷材。在绑扎底板钢筋时，用附加钢筋将橡胶止水带和钢止水带分别固定在底板后浇带的底部和中间。

070204 外墙防水卷材搭接

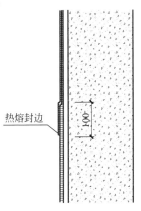

热熔封边

外墙防水卷材搭接示意图

工艺说明

　　铺贴外墙卷材之前，应先将接槎部位的卷材揭开，并将其表面清理干净，如卷材有局部损伤，应及时进行修补后方可继续施工，两层卷材应错槎接缝，错开距离不得小于350mm，上层卷材应盖过下层卷材。两幅卷材的搭接长度，长边与短边均应不小于100mm。

外墙散水防水

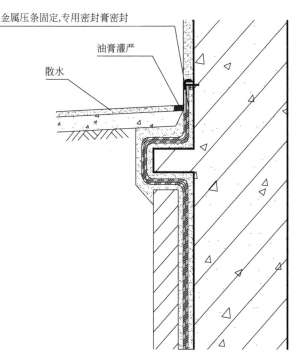

外墙散水防水做法示意图

工艺说明

防水收口位置设置在距室外散水 150mm 处，末端先用 3mm×25mm 金属压条钢钉固定（间距 200mm），用钢钉固定后再用密封胶将上口密封。散水与外墙之间预留 30mm 宽的缝隙，采用嵌缝油膏灌严。

070206 施工缝止水钢板

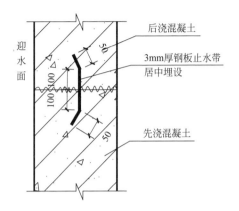

施工缝止水钢板示意图及施工现场

工艺说明

钢板的凹面应朝向迎水面,转角处止水钢板应做成45°角。止水钢板居中布置。橡胶止水带及钢板橡胶止水带做法同上。

070207 施工缝止水条

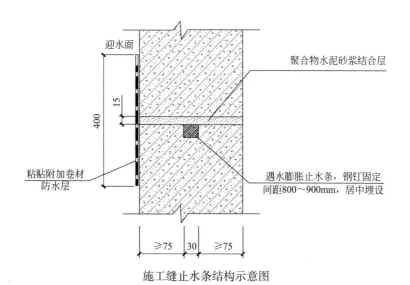

施工缝止水条结构示意图

图中标注：

迎水面

15

400

粘贴附加卷材防水层

聚合物水泥砂浆结合层

遇水膨胀止水条，钢钉固定间距800～900mm，居中埋设

≥75　30　≥75

工艺说明

在浇筑混凝土时，在施工缝部位埋植 30mm×10mm 木条，沿墙厚居中留置出宽 30mm、深 10mm 通长凹槽，混凝土接缝前将止水条放入凹槽内，用水泥钉固定。遇水膨胀止水条应具有缓胀性能，7d 膨胀率不应大于低膨胀率的 60%。

070208 墙体竖向施工缝止水带

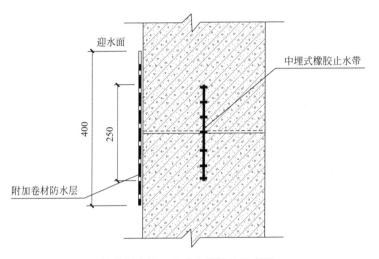

迎水面

中埋式橡胶止水带

400

250

附加卷材防水层

墙体竖向施工缝止水带结构示意图

工艺说明

在支设结构模板时，把止水带的中间夹于木模上，同时将木板钉在木模上，并把止水带的翼边用钢丝固定在侧模上，然后浇筑混凝土，待混凝土达到一定强度后，拆除端模，用钢丝将止水带另一翼边固定在侧模上，再浇筑另一侧的混凝土。

070209 柔性穿墙管迎水面防水

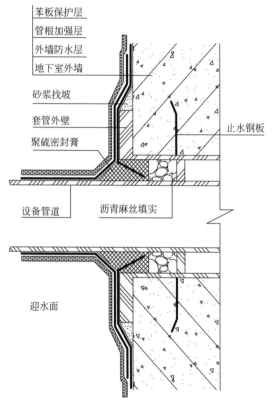

苯板保护层
管根加强层
外墙防水层
地下室外墙
砂浆找坡
套管外壁
聚硫密封膏
止水钢板
设备管道
沥青麻丝填实
迎水面

柔性穿墙管迎水面防水工艺示意图

工艺说明

在进行大面积防水卷材铺贴前，应先穿好带有止水环的设备管道（止水环外径比套管内径小 4mm），并固定好，设备管道与套管之间的缝隙先填塞沥青麻丝，再填塞聚硫密封膏，将防水卷材收口嵌入设备管道与套管之间的缝隙，再用聚硫密封膏灌实，最后做一层矩形加强层防水卷材。穿墙管与内墙角凹凸部位的距离应大于 250mm，管与管的间距应大于 300mm。

070210 外墙螺栓孔眼处理

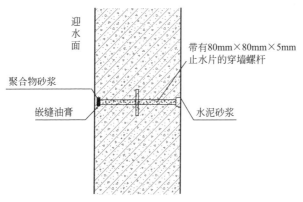

外墙螺栓孔眼处理示意图

迎水面

带有80mm×80mm×5mm止水片的穿墙螺杆

聚合物砂浆

嵌缝油膏

水泥砂浆

工艺说明

　　拆模后将预埋的垫块取出，沿混凝土结构边缘将螺栓割断，对割断处进行涂刷防锈漆处理后，嵌入防水油膏（嵌入2/3），最后用聚合物砂浆将螺栓眼抹平。

070211 卷材防水层封边（1）

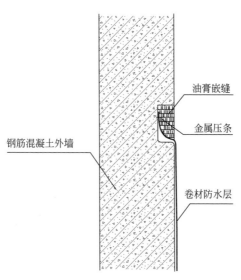

油膏嵌缝

金属压条

钢筋混凝土外墙

卷材防水层

卷材防水层封边示意图（一）

工艺说明

　　防水收口位置设置在距室外散水下 150mm 处，浇筑墙体混凝土时应预留凹槽，防水末端先用 3mm×25mm 金属压条钢钉固定（间距 500mm），再用密封膏封闭。

070212 卷材防水层封边（2）

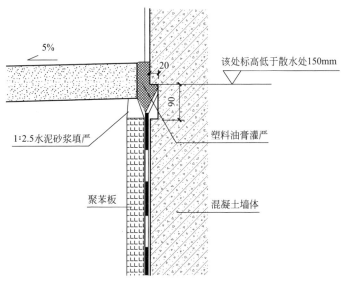

5%

20

90

该处标高低于散水处150mm

1:2.5水泥砂浆填严

塑料油膏灌严

聚苯板

混凝土墙体

卷材防水层封边示意图（二）

◆ 工艺说明

　　防水收口位置设置在距室外散水下150mm处，浇筑墙体混凝土时应预留凹槽。防水卷材施工时，将防水卷材端部压在凹槽中。待室外散水施工完再用密封膏将凹槽及散水与外墙缝隙灌严。

070213 底板变形缝防水

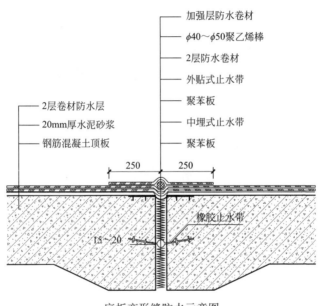

加强层防水卷材

$\phi40\sim\phi50$聚乙烯棒

2层防水卷材

外贴式止水带

聚苯板

中埋式止水带

聚苯板

2层卷材防水层

20mm厚水泥砂浆

钢筋混凝土顶板

250   250

橡胶止水带

15～20

底板变形缝防水示意图

工艺说明

结构底板变形缝处所用的中埋式橡胶止水带用钢筋卡具将其固定在相应位置，变形缝内贴聚苯板。

070214 卷材防水层平面阴阳角

卷材防水层平面阴阳角处理施工现场

工艺说明

　　平面阴阳角附加层卷材按图中所示形状下料和裁剪。附加层卷材铺贴时，不要拉紧，要自然松铺，无皱折即可。

070215 外墙阳角防水

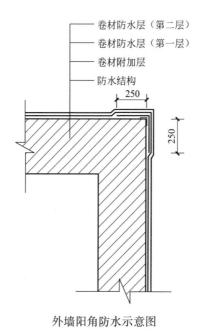

卷材防水层（第二层）
卷材防水层（第一层）
卷材附加层
防水结构

250

250

外墙阳角防水示意图

工艺说明

　　外墙防水基层必须平整、牢固，表面尘土、砂层等杂物清扫干净，且不得有凹凸不平、松动空鼓、起砂、开裂等缺陷；表面的阳角处，均应做成圆弧形或钝角，阳角圆弧半径为 50mm，阳角部位加铺一层卷材加强层，加强层采用聚酯毡胎体加厚的 SBS 防水卷材，加强层过角线两层各不小于 250mm。

070216 桩头防水

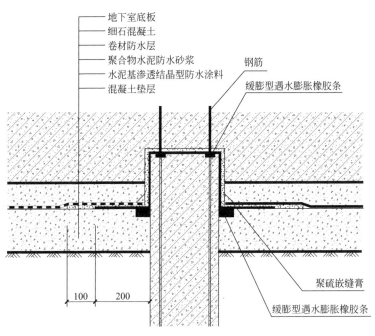

地下室底板
细石混凝土
卷材防水层
聚合物水泥防水砂浆
水泥基渗透结晶型防水涂料
混凝土垫层

钢筋
缓膨型遇水膨胀橡胶条

聚硫嵌缝膏
缓膨型遇水膨胀橡胶条

100   200

桩头防水施工示意图

桩头防水施工现场

工艺说明

　　在桩头、桩侧及桩侧外围200mm范围内垫层的表面涂刷水泥基渗透结晶型防水涂料，在桩头根部及桩头钢筋根部凹槽内埋设遇水膨胀橡胶条，在桩顶、桩侧及桩侧外围300mm范围内垫层上表面5mm厚聚合水泥防水砂浆。待基层达到卷材施工条件时进行大面积防水卷材施工，卷材施工完毕后在桩侧与卷材接缝处嵌聚硫嵌缝膏。

070217 卷材防水铺贴顺序

卷材防水铺贴施工现场

工艺说明

先铺贴阴阳角等部位的加强层，在将地坑、后浇带等处的防水卷材铺贴完毕后再铺大面。先铺平面，后铺立面，交叉处应交叉搭接。

| 070218 | 外墙聚苯板保护 |

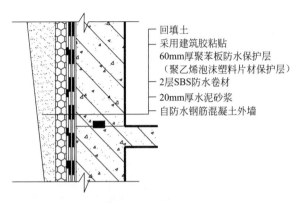

回填土
采用建筑胶粘贴
60mm厚聚苯板防水保护层
（聚乙烯泡沫塑料片材保护层）
2层SBS防水卷材
20mm厚水泥砂浆
自防水钢筋混凝土外墙

外墙聚苯板保护示意图

外墙聚苯板保护施工现场

工艺说明

肥槽回填前，先用建筑胶将聚苯板点粘贴在防水层（随着回填高度进行），在回填土夯实时，不得破坏聚苯板保护层，根部采用人工夯实。

070219 降水井防水

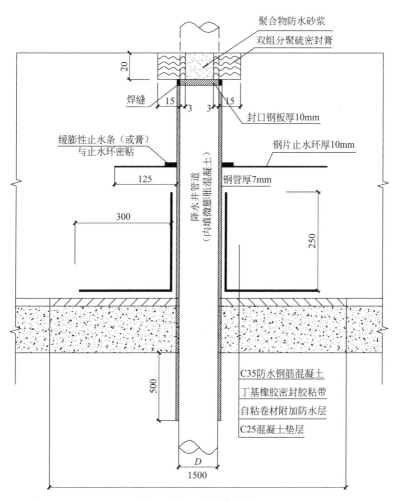

降水井防水施工示意图

聚合物防水砂浆

双组分聚硫密封膏

20

焊缝

15　3　3　15

封口钢板厚10mm

缓膨性止水条（或膏）
与止水环密贴

钢片止水环厚10mm

125

钢管厚7mm

降水井管道
（内填微膨胀混凝土）

300

250

C35防水钢筋混凝土

丁基橡胶密封胶粘带

自粘卷材附加防水层

C25混凝土垫层

500

D

1500

工艺说明

　　井管内用微膨胀混凝土灌实，并用钢板封死焊接，同时进行防腐处理；在铁质降水井管靠近1/2板厚位置焊接钢制止水环，并进行防腐处理，止水环与井管结合部位设置缓膨型止水条或者止水膏与止水环密贴；井管与垫层结合处，铺贴自粘卷材附加防水层，并用丁基橡胶密封胶粘带粘贴固定，最后进行混凝土浇筑施工。

第三节 • 排水

070301 疏水层排水

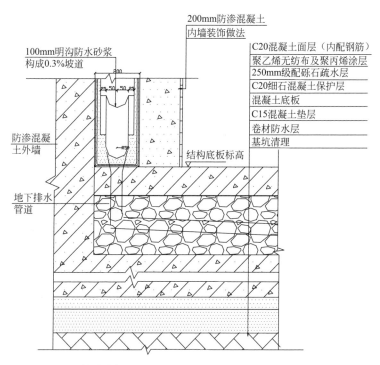

外墙内侧及底板疏水层排水系统节点示意图

200mm防渗混凝土
内墙装饰做法

100mm明沟防水砂浆
构成0.3%坡道

C20混凝土面层（内配钢筋）
聚乙烯无纺布及聚丙烯涂层
250mm级配砾石疏水层
C20细石混凝土保护层
混凝土底板
C15混凝土垫层
卷材防水层
基坑清理

防渗混凝土外墙

结构底板标高

地下排水管道

施工顺序

　　底板下部及混凝土施工→地下室外侧剪力墙施工→地下排水管预埋→疏水层施工→聚乙烯无纺布及聚丙烯涂层→混凝土面层施工→排水沟坎台浇筑→排水明沟砌筑。

工艺说明

　　外墙内侧及底板疏水层排水系统主要是将排水沟内收集的水通过地下排水管道引流至疏水层中并通过管道最终排放至集水坑中。

　　疏水层施工时应避免泥浆等杂物进入，同时级配和压实度等应严格参照设计相关要求；明沟排水宜设置不小于3‰的坡度，不应有泥浆、杂质等造成堵塞，并能有效引流至地下排水管道中；地下排水管道在疏水层中应有坡度且不宜小于3‰，能有效引流至集水坑中；疏水层上应设置一道无纺布及聚丙烯涂层，同时上部宜设置不小于120mm厚，内配不小于$\phi 8$，间距不大于200mm双层双向钢筋网片的刚性层。

070302 排水沟排水

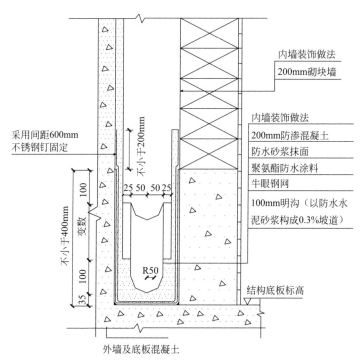

外墙内侧排水沟节点示意图（一）

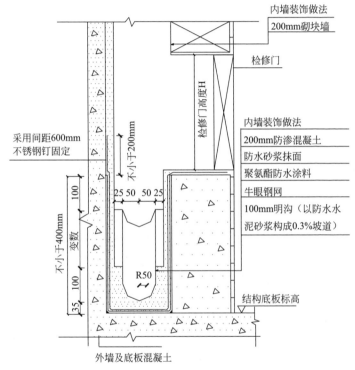

外墙内侧排水沟节点示意图（二）

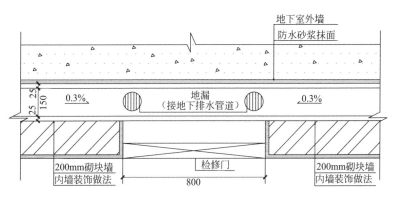

外墙内侧排水沟平面示意图（三）

施工顺序

　　浇筑防渗混凝土坎台→沟内地漏预留预埋→沟内防渗混凝土抹面→沟内刷聚氨酯涂料→牛眼钢网安装及固定→明沟防水水泥砂浆抹面。

工艺说明

　　外墙内侧排水沟主要用于收集地下室结构外墙渗入的水，将地下室的室内装饰外墙和结构外墙隔离，通过地漏将沟内收集的水排入地下，同时检修人员可通过检修门进入沟内进行检修。

　　坎台应采用防渗混凝土砌筑，其高度不宜小于400mm，宽度不宜小于200mm；牛眼钢网应超过排水沟上口不小于200mm，宜采用间距不大于600mm不锈钢钉固定；排水沟内砂浆抹面、防水涂料等防水措施应超过排水沟上口不小于100mm；排水沟应设置不小于0.3%的排水坡将水流引至沟内设置的地漏并排入地下管道；检修门上口处应设置过梁。